青少年情绪管理

21天情绪管理训练营

叶 惠◎著

中国铁道出版社有限公司
CHINA RAILWAY PUBLISHING HOUSE CO., LTD.

图书在版编目（CIP）数据

青少年情绪管理：21天情绪管理训练营/叶惠著. —北京：中国铁道出版社有限公司，2022.3（2025.10重印）

ISBN 978-7-113-28657-6

Ⅰ.①青… Ⅱ.①叶… Ⅲ.①情绪-自我控制-青少年读物 Ⅳ.①B842.6-49

中国版本图书馆CIP数据核字（2021）第267908号

书　　名：青少年情绪管理：21天情绪管理训练营
QINGSHAONIAN QINGXU GUANLI: 21 TIAN QINGXU GUANLI XUNLIANYING

作　　者：叶　惠

责任编辑：巨　凤　　　编辑部电话：（010）83545974　　　邮箱：herozyda@foxmail.com

编辑助理：王伟彤
封面设计：仙　境
责任校对：孙　玫
责任印制：赵星辰

出版发行：中国铁道出版社有限公司（100054，北京市西城区右安门西街8号）

印　　刷：三河市兴达印务有限公司

版　　次：2022年3月第1版　2025年10月第4次印刷

开　　本：880 mm×1 230 mm　1/32　印张：6.25　字数：139千

书　　号：ISBN 978-7-113-28657-6

定　　价：55.00元

推荐序一

　　拿到书稿后一口气读完，内心有种释然的感觉。这种感觉来自叶惠老师，她把生活中常见的与孩子情绪成长相关的问题一一阐释清楚了，而且给出了切实可行的办法。

　　建议所有做父母的像我一样，拿出时间把这本书读完，你将会从一个新的视角看待孩子、自己和家庭系统，相信平常很多困扰你的问题都会迎刃而解。

　　孩子能够健康成长并取得人生的成功是很多父母的心愿，而情绪健康尤其重要，相信这点已经被很多父母意识到了。要想让孩子情绪健康，父母首先要能够梳理好自己的情绪，掌握关于情绪管理、孩子成长的相关知识。叶惠老师在书中也强调了这点的重要性。

　　读这本书的时候，我脑海中浮现出自己和孩子的一次经历。有一次我开车带着5岁的女儿出远门，她坐在后座的儿童座椅上。车行驶了一段时间后，女儿和我说："爸爸，我好像得了一种什么病，什么相思的病。"她一边说一边在座椅上乱动。我当时的第一感觉是好笑，这么大的孩子从哪学的这个词，还相思病，难道谈恋爱了？当然我并没有这么说，我问她："你是不是自己在后座坐着很无聊，有种无聊的感觉？"她说："对的对的，就是无聊。"这次之后，她再处在类似状态的时候，就会和我们讲："我很无聊！"

　　孩子情绪能力的发展其实很早，从可以使用语言来表达情绪的角度讲，2岁的儿童就可以使用"怕""不高兴"等词来表达自己的情绪。所以，这个时候需要家长感知到孩子的情绪，并且协助他们用合适的词汇来表达，让他们能更好地与这个世界交流和连接。在3~7岁的时候孩子就可以使用更高级的词汇来表达情绪，如"伤心""恐怖"等。

　　孩子在成长的过程中内心的体验越来越丰富。在与其他人的交往中，他们渴望倾诉自己的各种情绪体验和想法。如果能得到很好的回应，他们就会感受到生命的体验是充沛的、丰富的，他们也就更愿意跟这个世界互动。这就要求做父母的自己可以体验、表达和管理自己的情绪，并且在这个前提下积极去和孩子的情绪感受互动。

　　随着孩子的不断成长，父母除了帮助孩子识别情绪、表达情绪外，还要帮着孩子去管理自己的情绪，要协助孩子把一种体验中不同的情绪分开，把情绪和事情分开，把情绪和人格分开，还要学会识别情绪背后的东西。比如，情绪背后的认知、情绪所要传递的信息。叶惠老师在书中把情绪比做邮差是一个很智慧的表达，她让我们和孩子都能够去读懂邮差所送信件的内容（情绪所要传递给我们的信息），其实当我们读懂这封信的时候，就能很好地和情绪相处并且从中受益。

有过临床经验的咨询师都知道，孩子的问题往往和家庭系统有着密不可分的关系，叶惠老师这本书把三者结合在一起，让我们能够从整体、系统的角度来了解孩子、教育孩子、陪伴孩子。

希望这本书能够被更多的人读到，能够帮助更多的家庭、父母和孩子。

心理咨询师 董如峰

家庭问题资深分析师

英国 Tavistock 中国区研究员

2021 年 10 月

推荐序二

这本书，是叶惠对她大量成功咨询实践经验的梳理和总结，如果你认真阅读和感受，将会对你的生活产生极大的影响，是一本真正有价值的书。

情绪管理是心理学中最常被人提及的一个话题，但是要把这个话题讲透却很不容易。叶惠之所以能做到，是因为她对这个话题的阐述和理解都来自亲身学习和实践。

在第三章的解码五中，你可以欣赏到叶惠家中生动的交流情感的一幕。看得出来，叶惠的儿子平时是受过一定情绪识别训练的，因此，他能够在发怒之后，和妈妈进行理性的讨论，理解妈妈说的"怒怒"这个情绪邮差的意思，只是他还不会及时运用。儿子在妈妈的引导下，通过对"怒怒"这个角色的心理分析，逐步从情绪中看到了自己的诉求，继而在平静的情绪下想到了合适的解决方案。更有意思的是，他会活学活用，在随后和爸爸的沟通中，反过来用情绪ABC的心理技术，帮助爸爸把他的情绪分析得清清楚楚。在一次家庭常见的亲子冲突中，通过奇妙的情绪管理对话，层层剥离和深入，让一家人在更深的期待、渴望层面进行对话和交流，爱的氛围充满整个家庭。这是一种培养爱的能力的最好训练。

反思自己，我虽然是一个资深的心理工作者，但是由于从小缺乏这样的训练，长大之后，在很长的时间里，情绪管理依然是个很大的问题。在发生冲突的时候，我会更加倾向于掩饰和压抑内在的愤怒和不满，甚至热衷于对表面形式的美化，满足于所谓的"假性亲密"，对外人和家人都是如此。这样的结果，就是我无法实现真正意义上的爱的联结，也导致了我原先亲密关系的破裂。直到现在，我才开始人生中全新且真正的亲密之旅，才能够真正有勇气去表达我的情绪、感受、观点、期待和渴望。现在与过去最大的不同是，我在关系中感受到前所未有的轻松和活力，于是第一次体验到破除了情绪隔阂之后，与爱人精神上的"一体感"和由此带来的"圆满"和"完整"的感受。这些美好的体验给了我很大的震撼。

我想借此表达两个观点：第一，认真做好情绪管理，是通向人生圆满和幸福的捷径，值得我们花大力气去学习；第二，进行有效的情绪管理，需要深度、持续的学习和实践，学好和走通这条捷径并不容易。叶惠的这本书让大家看到走通这条捷径的方法。

我平时主要从事厌学孩子的家庭心理干预工作，在工作中深深体会到，父母们常年、持续、强烈、破坏性的情绪表达，对孩子心理的负面影响是如此巨大。在父母缺乏自我觉察的情况下，孩子们的自尊被摧毁、学习动力被摧毁，甚至能够摧毁他们生存的欲望。但是，当要求父母开始面对自己的问题，从改变一个小小的沟通行为开始的时候，难度之大、行为惯性之强，远超家长自身的想象。

工欲善其事，必先利其器，叶惠的这本书就是家长们修通自我的利器。

我特别喜欢书中引用的萨提亚写的一首诗《人生五章》，非常形象地写出了我们改变之不易。这里，我只借用第一章和第五章：

第一章

我走上街，

人行道上有一个深洞，我掉了进去。

我迷失了……我很无助。这不是我的错，

费了好大的劲儿才爬出来。

…………

第五章

我走上另一条街

另外三章的内容和感受，请大家去书中慢慢品味。

李　旭

精神医学博士

中国心理学会注册督导师

北京大学临床心理研究中心咨询督导

复旦大学社政学院应用心理学硕士校外导师

于上海兆丰广场

2021 年 10 月

自 序

　　我的工作会让我有机会接触很多家庭，这些家庭来找我，大多是为了寻找改变自家孩子"不良行为"的方法。比如，孩子厌学、青春期叛逆、游戏上瘾、学习注意力不集中等。

　　每次我总是引导他们先描述孩子的情绪，而父母们的描述往往只停留在事件上，描述的也只是表面。比如，叛逆少年总跟父母歇斯底里地大吵、对着干或者零沟通；厌学的孩子死活不去学校或者整天闷闷不乐；沉浸在游戏中的孩子总是情绪亢奋或低落，常常对着游戏说脏话等。

　　父母描述的这些状况往往在学龄中的孩子居多。因此，家长会认为只有这个时期的孩子才会有情绪，还常常用"青春期叛逆"来解释，仿佛有了这个解释心里会舒服许多。可是事实上是人人都会有情绪，无论是不是青春期的孩子。"小孩"的情绪没有那么明显或者不至于造成家庭问题，这只能说明这个年龄段的孩子情绪还不足以"难"住父母。

　　有一次，我在一家饭馆看到一位母亲在喂一个两三岁的儿子吃饭。儿子大概是不爱吃或者感觉吃饱了就不想吃了，可是他的母亲还在逼着他吃："不吃会饿，赶紧吃，你今天才吃了一点点。"孩子摇头就是不吃，三个来回以后母亲终于憋不住火气："我都买了，才吃了几口不浪费吗？"孩子被妈妈这么一吼有点吓住了，勉强张开口吃了一口，第二口又不吃了。于是妈妈更加生气了，把碗重重放到桌上，大声呵斥起来。接下来的场景就是孩子号啕大哭，母亲的情绪终于开始失控了，她站起来，把孩子一个翻转，对着孩子的屁股狠狠打了两下。孩子哭得更加撕心裂肺，母亲说："你再哭！你再哭我再打！"最后孩子一边哭一边吃下了那碗饭。

　　孩子很小的时候，他们即便有情绪，也似乎不会难住父母，因为父母总是有办法让孩子把情绪"吞下去"，让一切看起来风平浪静。可是，我们不要忽略孩子总会长大，总会长到十三岁、二十三岁。用一句不是很恰当的话说：给出的一切都是要还的。我几乎可以想象这个男孩子与母亲未来的关系是什么样。

　　我再来说一个十三岁男孩子的故事。

　　他因为在学校常与老师有冲突，被母亲带来我的工作室求助。

就在我邀请他与母亲进来时，这位小伙子突然歇斯底里起来。他足足在我的工作室里对着他妈妈骂了十几分钟，如果不是我强制喊停，估计会更久。我用的"骂"这个字，是因为他言语中带了很多侮辱性的词语。

事情是这样的：在等待我的过程中，他妈妈把手机给他玩了十几二十分钟，因为轮到他们母子进工作室了，他妈妈就要收回自己的手机，就因为这样，他站在那里指责自己的母亲。

我问这位母亲："要在平时是不是就给他了？"

他妈妈说："是的，今天是您在，我有些底气。"

我看到他母亲绝望眼神的同时，也看到了那个孩子看似狰狞的眼睛里是空洞的。

西班牙作家珍妮弗·德尔加认为，没有能力表达和控制自己情绪的人，都是"情绪文盲"。

我相信，几乎没有一位父母希望自己的孩子是"情绪文盲"。要避免孩子成为"情绪文盲"，就需要父母先成为孩子的情绪训练师。而刚才我举的两个例子中，显然这两位妈妈都没有足够的能力帮助孩子。第一位母亲对自己的情绪无法掌控，如果连自己的情绪都无法回应，更加没有办法回应孩子的情绪了。

当很多孩子陷入自己情绪时无法表达他真正发生了什么，对孩子来说就是一片漆黑，让人绝望。

儿童教育专家金伯莉·布雷恩说："孩子任性、发脾气是因为他们的生理和情感的发育超过了自身的沟通能力。"

这个时候的孩子更需要一些回应，他们真正需要的是父母可以看见他们的"无助"甚至"绝望"，而不是一味讲道理，让他们"懂事"。很多父母看不到，是因为他们连自己的情绪都无法回应。只有比孩子成熟的人才能理解到孩子，而那些对着孩子发泄情绪甚至情绪更大的父母们大概是无法读懂孩子的。从这个现象可以看出，很多父母的心理年龄是偏小的。因为这门"情绪课"在他们小的时候也没有人教过，他们的情绪也没有被自己的父母看到，自然就没有学会如何去理解他人的情绪。

教育学家陶行知说过："我们对儿童有两种极端的心理，都于儿童有害。一是忽视，二是期望太切。忽视则任其像茅草样自生自灭，期望太切难免揠苗助长，反而促其夭折。"

事实上读不懂孩子的情绪就是一种"忽视"。每个孩子内心都特别敏感，当情绪代表着一种无能为力的时候，他们得不到回应、被理解和看见，同样无法感受到父母的爱。即便你用尽所有去爱他，他也无法感受到。

而"期望太切"往往会引发父母的情绪。让孩子一直满足大人的期待本身就是不合理的，可是如果父母没有看到这个不合理性，那么"失望"的情绪就会接踵而来，从而可能会引发"无力""愤怒""焦虑"等情绪发生。当父母对孩子的期待超出孩子可以达到的目标时，孩子做不到却又不得不满足大人的期待，"害怕""压抑""焦虑""恐惧"等情绪也就一拥而上。

常有父母会担心自己生病——比如怕感冒会传染给孩子。其实情绪也一样会传染给孩子的，甚至更快。事实上，即使是婴幼儿，也能够敏感地察觉到父母的情绪变化，并且会被父母的情绪所影响。

国内外的研究均发现父母的不良情绪是青少年行为问题发生的重要因素。所以我们常说，一个焦虑的少年后面一定先有一个焦虑的父母。

我一直认为，父母只有了解自己的情绪后才有可能了解孩子的情绪，从而帮助孩子管理好情绪。仅仅从孩子入手是不够的，事实证明这个"捷径"只会换来更远的路。

因此，这本书需要父母先学习，成为自己的"情绪教练"，再成为孩子"情绪引导者"的工具书。

对于情绪，作为父母的我们也有很多的盲区，而情绪管理这件事，不是简单讲道理就可以实现的，这个世界不缺道理，缺的是智慧和刻意练习。情绪管理其实也是这个道理，需要练习，这个练习需要在熟悉和了解这个人的基础上练习，这就需要智慧。很多父母不但不了解自己的孩子，也不了解自己。因此，我们的书就从了解开始。

针对文中的练习有疑问或者需要电子文档的可以加我的微信。

叶　惠

2021 年 10 月

目 录

第 5 章　释放情绪　补充能量

青少年情绪管理：

21 天情绪管理训练营

第 1 章

打破情绪魔咒

在工作室里，当父母们跟我描述自己孩子的行为时，我可以感到他们已经身心疲惫。他们认为自己的孩子病了，而我告诉他们是家"病"了，而这个"病"的背后是孩子在"呼唤爱"。

家庭治疗心理学大师萨提亚女士曾提出三个问题：

· 你对现在的家庭生活感到满意吗？

· 你觉得家里人都似朋友般的亲切、彼此爱护、相互信任吗？

· 成为这个家庭的成员之一，你认为这是一件令人愉悦，让人兴奋的事吗？

如果回答是肯定的，那么这样的家庭是和谐的。对于一部分人来说，家庭真的就是让自己感觉到很满意，彼此相互爱护信任，和家人在一起可以感到开心幸福。

在我看来，家庭是否和谐，孩子是最先感知到的，因为他们最敏感。他们可以最先感知到家庭的氛围是否愉快，家庭成员的情绪一旦低落，他们马上就捕捉到了，会随家人的情绪波动而变化。这也间接说明，孩子情绪波动的大小可以看出家庭整体的和谐程度。

1.1　我的家庭健康吗

我描述一下在一个朋友家做客看到的场景：

朋友家的孩子在客厅里奔跑，不小心打翻了餐桌上的杯子。杯子里装的牛奶洒了一地。我这位朋友皱着眉头立即斥责孩子："你跑什么跑！看看这一地牛奶！让你喝你也不喝，多浪费！好在杯子没有碎！总是毛毛躁躁！行了！赶紧离开这儿！"

　　家长对孩子的责备会让孩子觉得杯子比自己重要，久而久之，孩子就会这么看待自己。因为家里有客人，我朋友没有继续说，孩子被斥责得很是难为情，跑回了自己的房间，家中的气氛瞬间变得很安静。

　　其实，这样的场景在很多家庭都发生过且较为常见，可能因为常见，会觉得是正常的，可是"正常"未必"正确"。等孩子长大后，我们会发现孩子的情绪"突然"爆发，而这个情绪是孩子在成长的过程中点点滴滴积累起来的，只是我们没有发现。

　　如果这属于"小事"，那家庭中一定还有一些"更大"的事情。比如孩子在学校打架；顶撞了老师；撒谎；晚上偷偷玩电子游戏等。"小事"尚要训斥，更别说这些"大事"。如果父母好好讲道理，孩子还没有改正的话，父母往往会采取带有"情绪"的措施，比如会跟孩子说："你再不听话，我可打你了。如果你不想挨打，你就要听话。"

孩子小的时候，遇到父母这样做时往往以大哭或者强忍着泪而收场。可是随着渐渐长大，孩子不再大哭，取而代之的是对父母大吼大叫，或者他们干脆无视父母的存在。而这个时候，很多父母就意识到这是我们的家庭"有问题"了，我们的家生病了。下面通过一个小练习来测试一下，看看你的家庭是否健康。

✎ 练习 1：我的家庭是否健康?

健康家庭对照表

1	充满真诚、尊重、幽默、创意、活力和关爱	是	否
2	每个人有较高的自我价值，能直接、清楚、明确地进行一致性沟通	是	否
3	每个人说话时，有人会聆听，同样的，当别人说话时，他也会聆听	是	否
4	能真实流露或分享感受，即使是痛苦的或快乐的，也都能被接纳与尊重	是	否
5	家庭成员感觉到被爱、被肯定，感觉到自己的价值，可以享受作为人的权利	是	否
6	家庭成员间能相互欣赏各自的独特性，并且建设性地运用彼此间的差异，学习和成长	是	否
7	有试错的权利。家人认为即使做错也可以从中得到学习，因此不必害怕自己做错事	是	否
8	每个人轻松自然，眼神接触且温和，关系开放和友善	是	否
9	家庭环境是明亮舒服的，但未必是豪华美丽的，家庭气氛是和乐愉悦的	是	否
10	家庭成员间可以自由交谈，而非害怕被惩罚	是	否
11	可以共同计划活动，彼此约定，分享行动；若计划不能实现时，也可相互沟通，重新调整计划和约定	是	否
12	父母会意识到自己是整个家庭的领导者，有责任教导子女认识人类的真实面；领导的方式是充满关爱和愿意聆听的，而不是成为专断的控制者，争夺权利和证明你输我赢	是	否
13	子女若做错事，父母会给予指引和鼓励，因为犯错是成长的垫脚石；子女在做错的经验中，感觉自己是有价值的人，不会做出糟蹋自己的事	是	否
14	父母倾听和了解子女的感受、需求，并改变自己"怕出事"和"防止出事"的紧张态度，才能提供给子女成长的机会	是	否
15	父母对自己的权限、立场和底线要清楚掌握，并遵守与子女的约定，才能相互尊重，彼此信任	是	否
16	养育子女是世间最艰难的事业，需要父母同心协力共同经营	是	否
17	父母能了解子女问题一定会发生，因为生活就是不断解决问题的过程。他们将能力放在寻找方法解决和应对问题上，而不是将精力放在防止问题发生上	是	否
18	改变是每个家庭不可避免的，子女在每个成长阶段都有不同的需要和改变，成人也会因此不断成长和改变	是	否
19	家庭规条不是僵化、隐晦、不人性的，而是合时宜、人性化、有弹性的	是	否
20	成长性的家庭是个开放的系统，彼此间信息是流通的，相互有反馈、有联系，并让信息在内外情境之间流通	是	否

续上表

21	家庭成员可以彼此相互支持、鼓励梦想的存在，大家可以坐下来公开讨论彼此的梦想，并且相互帮助去实现梦想。因为这个世界充满奇妙的事，等着我们去挖掘。而梦想代表希望，也好像烟火或灯塔在向我们招手，引领我们有更多的成长和更大的成就。家庭是促成梦想实现的温床，也可以是梦想幻灭的地方	是	否

源自：（[美]维吉尼亚·萨提亚《新家庭如何塑造人》）

如果大多数的回答是"否"，那么孩子出现情绪问题是不可避免的事情。

很多父母以为孩子有情绪是对父母有意见，其实孩子的情绪表现出来的更多是自我否定和自我攻击。孩子未必会停止爱他的父母，但是他一定会停止爱自己。

1.2　情绪易爆的家庭特征

1. 问题家庭往往是很矛盾的

作为父母，我们在孩子小的时候会给孩子讲很多道理，但有些道理往往带着矛盾，比如：

道理一：不能欺负弱小

先来看这个场景：一个孩子在学校里欺负了别的孩子，老师告诉了家长。家长回去打了孩子，并且大声斥责孩子："你今天怎么又欺负同班同学了！结果孩子在学校并没有好转，依然欺负同学，接着老师又告诉家长，孩子回来家长对其又是一顿挨打，这就是以暴制暴带来的结果。我曾经去我孩子的班里给孩子们讲情绪课，儿子跟我说："妈妈，我们班里有个同学一直欺负其他同学，你今天要专门跟他多说说。"我走进教室，看到这个孩子的课桌就在讲台旁边，确切地说是与讲台并排的，这个位置很特殊，一般孩子的课桌是在讲台前面的，而他的桌子就挨着讲台，也就是说离老师非常近，说明这个孩子平时真的很顽皮，老师上课需要看得更紧些。在我讲课的四十五分钟里，孩子的确一直坐立不安，说些怪话、发出怪怪的声音，引起同学们大笑。我知道他希望被关注，当我关注他并且很柔和地跟他说话时，我好奇地问他："你想表达什么？"这个时候，他突然安静了，甚至有些害羞。我知道他希望有人这么安静地听他说，只是很少有人会这样做，或者有耐心地对他。说实话，虽然我不能保证可以一直有耐心跟他讲话——因为我也会有情绪，但是我肯定不会让自己的孩子发展成这种结果。形成这个结果（喜欢欺负别的小孩）不是孩子一个人造成的，我相信如果父母在家里不再打骂他，他一定会有所改变。当一个孩子在家接受暴力的教育，那么他就会错误地认为：这个世界只有强势的人才是胜利者，在家父亲是胜利者，因为父亲有拳头，那么在学校我可以是胜利者，因为我也有拳头。

道理二：不要玩儿手机

有一位来我工作室的少年小 D，他告诉我："我父母不让我玩儿手机，只要我看手机的时间稍微长一点，他们就大声斥责我。可是很神奇的是，我跟我父母出去，看到他们在聊自己的事情，我感到无聊想早点回家，他们就会让我玩儿一会儿手机游戏，一直到他们聊天结束，这中间往往会很长时间，比我平时超时要厉害多了。我不知道我看手机的规则是什么，谁说了算呢？"

之所以有规则，其实就是要有一种公平的秩序，是一种自律。可是这个规则如果不是当事人接受的，那么就只是空话，也没有人会去遵守。

孩子是这样的，他当然知道在什么情况下父母会给手机，那就是在公众场合，在你需要他安静的时候。那么他如果想要手机，就会"不安静"，因为他知道根本没有所谓的"手机"规则。因此，"不要玩儿手机"这个道理也是没有意义的。

道理三："学习是你的事情"

初一的学生小霞说："我妈说她觉得学习是我的事情，所以不太管我的学习。那是她觉得，我不觉得！因为只要老师一个电话打过来说我考试成绩不行、作业写得不好的时候，我妈就会各种说我。"

孩子的体验是真实的，她不在乎你说什么，也非常清楚真正的你是什么态度。

有个得了抑郁症的孩子终于在休学一年后重返考场，他父母说："我不在乎你考得如何，只要尽力就好了！"可是这个孩子告诉我："我不相信他们说的，他们只是嘴上这么说而已！"因为他常常听到父母在讨论关于他大学填志愿的事，又会不经意说起同事或者朋友家的孩子一模考试考了多少分，二模考试考了多少分。

孩子是十分敏感的，也很擅长通过现象看本质。他说："这么操心我的志愿，又常常在我面前说其他孩子，我真的无法相信他们不在意，也不觉得学习是我自己的事情。"在孩子的成长过程中，大概一直有一个体验就是："学习"永远是孩子和父母之间最重要的事情。当父母说"学习是你的事情"的时候不是"你的事情你做主"，而是说"如果学习的事情自己都做不好，你将来还能做什么？"

孩子们很真实、很坦诚，说得没有错。作为父母，一方面说"将来是你的将来，日子是你自己过，我们管你没有用的"，可是又往往会因为孩子的学习而有情绪。那么学习到底是谁的事情呢？如果真的觉得跟自己有关，那就不妨承认吧，诚实总好过在孩子心里"口是心非"的评价。我常常跟我的孩子说，虽然我想跟你说学习是你的事情，可是说实话，你学习优秀我不骄傲是不正常的，我真的要谢谢你给了我这么美好的体验，这一点不想骗你。同时，你考得不怎么样我也不会觉得没有面子，因为你考得不好我也一样爱你，你是我的宝贝。

务必要避免让孩子误会学习好坏是爱的交换条件，因为这样的误会常常也是孩子情绪爆发的导火索之一。

2. 问题家庭说话做事的潜台词是"消极"的

我同学的儿子学习特别好，初三的某一天他得知可以直升他所在学校的高中，就兴奋地去看了一场电影，因为他不用跟其他同学一样紧张备考了。可是当他看完电影回家，父亲二话不说就把他一顿斥责："这只是一个信息，万一这个信息有误呢？就算真的直升高中也不能这样，又不是假期，你这样是会松懈的，会掉队的！"听完这句话，我的第一感觉是孩子这么做已经在"掉队"的边缘，而且"一定"快掉队了。后来我问他的父亲："真的吗？这么做真的会掉队吗？"他父亲说："万一呢？"

在很多的家庭中，因为担心一个"万一"，要用一万个"谨慎"来应对。他们容不得"偶尔"松懈，这个"偶尔"就会使人感到孩子在荒废学业；同样的，如果孩子说了一句脏话，他们就会担心孩子是不是学坏了；如果孩子偷偷跟异性同学聊天，就担心是不是早恋了。

这些担心其实都带着爱，但是太过武断的主观认知加上缺少良好的沟通，就会造成彼此情绪的激化。

3. 问题家庭往往把"事情"看得比"人"重要

前面我们曾讲过孩子打翻牛奶的例子，孩子接收到的信息是："牛奶""杯子""地板"比自己重要。而在妈妈心里，孩子一定是比牛奶重要，但是传递出去的信息却是牛奶重要，孩子被骂是因为他把牛奶打翻了。再如前面的学习成绩的例子：当孩子考试成绩很好的时候父母很开心，当孩子学习成绩不理想甚至很糟糕时就不开心甚至愤怒。孩子接收到的信息就是"学习"比"我这个人"重要。当孩子有这个体验，并相信"这个体验是真的"，那将会是很糟糕的事情。

还有什么比孩子这个人，比他的生命更重要的事情呢？作为家长，经常会这样说："你怎么回事？考成这样。""你每天在想什么呢，怎么这么不争气呢？"甚至有的家长话语里还带有讽刺的意思："你考得这么差，好意思吗？"当孩子出现行为问题时，如果说的话带着对人的攻击，这就容易让孩子有情绪，而如果强调的是"孩子的行为""孩子做的事情"让家长很生气，那就另当别论了。所以，分清楚"行为与人"的不同，对孩子来说是特别重要且非常有必要的事情。

4. 问题家庭往往不表达真实的情绪

回想我的过去，当我看到母亲脸色不好时总会很小心，她的叹气声总让我紧张到窒息，也不敢询问怎么了，因为我知道只要问了，答案永远是"没什么"，她的脸色还会更难看。而当我因为被母亲批评或者指责而心情不好的时候，母亲又会说："我说错了吗？干吗不高兴？"好吧，原来不高兴也不可以表现出来。事实上我已经不记得我们具体是如何互动的，可是当我成年之后，面对母亲"不高兴的表情"我会"不由自主"地瞬间紧张。这在专业上叫"自动化反应"。真的很遗憾，我们母女一方面不表达，一方面又不喜欢对方，现在想起来，我们真的都太难沟通了。如果我还延续母亲的方式，那么是不是意味着我的孩子也将继续这样无法表里如一地表达自己真实的情绪呢？我们需要改变。

5. 问题家庭往往不允许自己和家人表达负面感受

我常常听到孩子说"我很害怕"的时候，父母通常会说："不要害怕。"特别是男孩子说害怕的时候，大人可能还会加一句："男子汉怎么能害怕呢？害怕就不勇敢了！"

可是，害怕是一个人天生具有的感受，如果存在的感受不能说，那它会消失吗？就好像肚子很饿，画饼充饥肯定不行，显然不符合逻辑。那么一些负面情绪要怎么来处理呢？很奇怪的是，很多家庭对于"负能量"的词汇是不允许说的，比如说了"害怕"就等于"不勇敢"，"不勇敢"就代表"懦弱"。那么很多孩子从小为了不被否认，不被说成胆小鬼，慢慢地就不去表达了，时间长了也不敢表达了。不表达不代表没有情绪，长期的情绪积压是后期情绪爆发的又一个导火索。

虽然可以主动审视自己家庭的人并不占大多数，但好在当一个家庭中孩子出现情绪问题时很多父母开始看过往的生活，他们大多能承认家庭是存在着问题的。如果我们竭尽全力让自己的家庭成为每个家庭成员的港湾，那么孩子就会拥有更健康的身心。

1.3 我们可以做些什么

导致家庭出现危机，比如孩子的情绪无法自控，这不是固有的也不是天生的，有可能是家庭系统造成的。家庭里的"系统"是"经验家庭治疗"提出来的重要概念，是指家庭成员间互相作用而形成的生活环境。比如父母是温暖有爱的，孩子在这个环境里成长就相对情绪稳定；反之，会出现各种问题。那既然是系统造成的，改变就是有可能的，家庭系统的改变需要家庭成员尤其是父母发生改变。

要知道，我们谁都不是天生就会做父母，在原生家庭里可能也没有学习过如何经营一个和谐家庭的相关知识，做得不够好也是情理当中的事情。我们要坚信自己的家庭可以变得和谐，孩子也会因为家庭的和谐而变得更好。如何实现这个目标呢？

第一，必须承认孩子的情绪问题来自家庭系统。

如果我们将问题怪罪在孩子本身，这个问题将永远无解。因此"承认"是很重要的一步。

第二，停止指责家庭成员，包括自责。

在没有学会做父母之前的所有问题都不是我们故意犯的错，更不是孩子故意犯的错。

第三，下决心开始做些改变。

这个改变通常从觉得有问题的人开始——那个人通常是我们自己。

如果家庭的其他成员没觉得有问题，他们是不会做出改变的。如果孩子的情绪问题让我感觉到是个问题，那么我是最有改变动力的。既然孩子的问题来自系统，那么就改变系统里的元素，其中一个元素是我自己，如果自己改变都觉得难，让他人改变就更加不可能了，没有一个人会心甘情愿受他人指挥，因此我们想要结果变得不同，一定要放弃以前的惯有模式。成年人或者即将成为成年人的人，他们不会愿意被改变，可是他会被影响。

如果我们自己开始改变，家庭成员也会经由我们的改变而有所变化。

第四，对现状做出改变的行动。

面对这个行动，需要做一个方案，比如下面这个方案：

你要做什么？	和孩子谈一次关于游戏的事情
你打算什么时候做？	周六中午吃饭的时候
这个行动会实现你的目标吗？	不确定，因为也谈过几次，没有成功
在实施过程中可能会遇到哪些困难？	谈到游戏就不欢而散，我总觉得是孩子的问题
这个行动需要哪些家庭成员知道？	孩子的爸爸
你需要什么支持？	我情绪上来的时候孩子爸爸可以提醒我
你打算何时、如何得到支持？	提前一天跟孩子爸爸沟通
你还有什么其他的考虑？	我先了解并承认哪些是我的问题
如果打分，你觉得成功达成的分数（1~10）可以打几分？	如果我用原来的做法是0分，我尝试新的方向5分

下面请根据示例中的方案，完成下面这个练习，相信你会有不小的进步。

✏️ 练习2：制定行动方案。

制定行动方案（父母先学会做，然后教会孩子）

你要做什么？	
你打算什么时候做？	
这个行动会实现你的目标吗？	
在实施过程中可能会遇到哪些困难？	
这个行动需要哪些家庭成员知道？	
你需要什么支持？	
你打算何时、如何得到支持？	
你还有什么其他的考虑？	
如果打分，你觉得成功达成的分数（1~10）可以打几分？	

青少年情绪管理·

21 天情绪管理训练营

第 2 章

重新定义孩子的情绪

2.1　承认吧，我们真的不太了解孩子的情绪

来我工作室咨询的父母跟我说得最多的话就是："我们总以为了解我们的孩子，可是不知道从什么时候开始发现与孩子没有共同语言，不知道他怎么了，不仅无法了解他的行为，也无法了解他的情绪，他说什么，想什么，我们需要做什么、怎么做，很多问题变得无解。情绪的反复也让我们感觉到深深的无力。"

有一天，一位母亲带着儿子来工作室。孩子大概十一二岁，母亲四十岁左右，两个人互不说话，也没有任何眼神与肢体交流。孩子进来就直接往接待处沙发一坐，捧着手机看手机。这时候妈妈让他放下手机，他就当没有听到。于是，我就请妈妈先跟我单独谈。这位妈妈是一家企业的领导，她说她对什么都有办法，唯一没有办法的就是对她儿子。

她说："他已经十二岁了，应该懂事了。"

她说："这孩子脾气不好、邋遢、喜欢睡懒觉，动不动就跟父母顶嘴，整天不知道想什么。"

我说："如果有人这么说你儿子，你感觉好吗？"

她表现出不开心，且想反驳我几句，最终还是沉默了。过了一会儿小声地说："我不知道他为什么变成这样。小时候可乖了！"

是的，有的孩子只是当时不敢说"不"，现在开始敢说罢了。我们要看到一个事实，那就是我们的孩子其实已经不是那个我们以为什么都不懂、

什么都需要经过同意才能做的"孩子"了，他每天都在变化。

如果我们对一个正在长大的孩子的了解和认知一直停留在"小时候"，那就无法"与时俱进"地与孩子相处，对他的情绪自然就会"措手不及"。

2.2　孩子各个年纪不同的心理需要

孩子的生理年龄未必等同于心理年龄。

我们在生活中常常看到一些已经成年的人经常还会情绪失控，这就是典型的"未成年"的表现。

1. 一个孩子正常的生理与心理匹配阶段

一个孩子正常的生理与心理匹配阶段如下表：

人格段	心理期	生理期
童年阶段	婴儿期	0 ~ 1.5 岁
童年阶段	儿童期	1.5 ~ 3 岁
童年阶段	学龄初期	3 ~ 6 岁
童年阶段	学龄期	6 ~ 12 岁
青春期阶段	青春期	12 ~ 18 岁

著名的心理学家埃里克森在他的人格发展八阶段理论中说：人要经历八个阶段的心理社会演变，这种演变称为心理社会发展。这些阶段包括四个童年阶段、一个青春期阶段和三个成年阶段。每一个阶段都有应完成的任务，并且每个阶段都建立在前一阶段之上，这八个阶段紧密相连。很多孩子并没有在相应的生理年龄上得到足够的心理营养，那么孩子每一个阶段的任务就没有完成，或者部分没有完成，造成心理与生理的成长脱节。

所以，有些父母说我们孩子已经多少岁了，应该懂事了。可是殊不知，孩子的"懂事"不是仅仅靠"生理年龄"，还要靠"心理年龄"。

父母如果可以了解孩子多一些，对于孩子的情绪帮助将是很大的，帮助孩子"学会管理情绪"需要父母花些时间来研究他们每个阶段的需要。

2. 解决情绪问题，父母要学会透过表象看本质

小Q十四岁，他的自卑情绪很严重，学习成绩不理想，每次考试总是倒数第一。一个孩子的自卑情绪需要从很多面来考量，很多家长会单纯地从学习成绩入手，这是非常片面的。

我们常常会见到一些场景，父母坐在孩子旁边看着孩子写作业。学校的老师也需要父母来签字确认孩子的家庭作业完成情况。面对这样的现象，有人说是对的，也有人说这是不对的。其实无所谓对错，因为每个孩子不一样。每个孩子的情绪点也不一样，需要因材施"肥"。

埃里克森的人格发展阶段理论说："在学龄期，如果孩子们能顺利地完成学习课程，他们就会获得勤奋感，这使他们在今后的独立生活和承担工作任务中充满信心。反之，就会产生自卑。"从这段文字来看，大多数父母正是担心孩子将来自卑而做了一些事情，我们可以理解父母是用心良苦的，从而会经常把"我都是为你好"挂在嘴上。可是很多父母不了解这个理论的另外一点："如果儿童养成了过分看重自己工作的态度，而对其他方面木然处之，这种人的生活是可悲的。"埃里克森还说："如果他把工作当成唯一的任务，把做什么工作看成是唯一的价值标准，那他就可能成为自己工作技能和领导们最想驯服和最无思想的奴隶。"这就是过犹不

及，既需要孩子通过学习找到自信，又不能让他成为一个学习的机器。作为父母，对孩子在学习上过于干涉，就像在职场，如果领导只管业绩而不关注员工这个人，员工与领导的关系是可想而知的。当孩子与父母的关系日渐疏远，便谈不上信任，也就谈不上听父母的建议学习调整情绪。解决情绪问题的基础是我和你是可以沟通的，如果孩子无法给父母机会沟通，那么情绪问题将无从谈起。

2.3　面对情绪，教会孩子做哪些准备

一个情绪稳定的孩子，大概率会有耐心听她说话的父母。

琴宝（化名）是个女孩子，今年十三岁。她家离学校步行大概二十分钟，上幼儿园和小学时父母接送是情理当中的事情，但是到了初中，她父亲还是不放心她一个人上学放学，依然接送。日复一日、年复一年，父亲已经习惯了接送，女儿也习惯了被接送，时光就这么无声无息地流淌着，一切仿佛理所当然。然而孩子的情绪却在某一天突然爆发，父母一头雾水，完全不知所措。缓过神来之后，父母简单地将其认为是孩子青春期的情绪问题。可是女儿的情绪变化表现得越来越突出，也影响到了学习，从一个尖子生直线下滑到差等生。

琴宝过来找我咨询，告诉我：她小到上学，大到要参加一些春游活动，或者自己要做一些决定时总得不到父母完全的信任。她分享了一个她与父亲之间的对话：

女儿：我要参加暑期夏令营。

父亲：好啊！（父亲是同意的）

女儿：我没有坐过飞机，好兴奋！

父亲：是在外地举办夏令营吗？

女儿：是的。

父亲：那不行。（没有任何理由）

父母看起来没有做错什么，但确实是错了，错在与孩子的对话总是类似"我说了算"，既没有尊重，也没有信任。看起来是同意的，其实并没有商量的余地。

我们再来看下面一段对话：

父亲：今天你生日，你想吃什么？

女儿：想吃什么都可以吗？

父亲：当然。随便点。

女儿：我想吃冰激凌。

父亲：你牛奶过敏不能吃奶制品。再说天气这么冷吃什么冰激凌。

孩子不说话了。不但这时候不说，后来的日子里话越来越少，父母问："你怎么就不回应呢？"孩子要么沉默，要么爆发："你烦不烦？"

父母没有觉察到，与孩子的信任是在生活的点滴中消失的，一个普通的"随便"到底是随谁的便呢？

每个阶段孩子需要的心理营养是不同的：

年龄	心理营养
0~3 岁	爱、安全感、归属感
3~6 岁	尊重、接纳
6~12 岁	信任、肯定
12~15 岁	价值、成功
15~18 岁	理解、自由

前文提到的琴宝在父亲那里需要的是信任。

1. 青春期的确是孩子情绪高发期

12~18 岁称为青春期，这个阶段也是"人生二次诞生"，因为他们在经历这个阶段后，将逐步跨入生活的新领域。因此，他们的心理和生理的成熟并不匹配的话就会引发叛逆。从上面的表格来看，孩子在 12 岁前需要得到的心理营养没有得到满足时，心理将无法"断奶"，而生理又在正常发育，他们极力想摆脱父母，于是焦虑不安，也有心理学家称此阶段为"第二次危机"。显然孩子"成长"和"危机"是共存又是矛盾的。

另外，过去的父母没有现在这么关注孩子每天具体做什么，家长大多的精力还是在工作上。而现在，几个大人盯着一个孩子的成长是常有的事，甚至连孩子做事的细节都要关照。

有一位父亲就曾和我说，有一天女儿坐他的车，手里拿着可乐，他提醒道："宝贝，可乐喝完了再走吧。"女儿说："我本来就是想喝完再让你开车的。可是你先说了，这算谁的？"女儿的意思是说，她本来是想赶紧喝完以免洒到车上，可是爸爸在她做之前说了，如果她照做了就显得她听从了爸爸，可是她不想做听话的孩子，她想做自己决定做的事。

青春期的孩子就是这样，他们自己其实也挺痛苦的。如果这个时候父母并不理解他们，没有意识到孩子的"叛逆"是整个家庭的"功课"，反而觉得是孩子的错，更加指责孩子，那么孩子的叛逆只会加重不会减轻。好在这位爸爸很智慧地说："算你的，爸爸又瞎操心了。"

2. 教会孩子带着"问题"去生活

里尔克说过：你要先带着问题生活，而生活会逐渐不知不觉地在一段时间后，越来越接近你要的答案。

我们一直在学习解决问题的方法，可是生活每天都有可能遇到不一样的问题，我们不可能解决所有的问题，也不可能等问题解决了才走入下一步的生活。所以，我们要学会一种能力：带着问题去生活。要教会孩子这个能力，首先父母自己要拥有这个能力。

在我很多次的讲座中都有家长问："我的孩子不爱说话、胆小，不爱跟人打交道怎么办？"这个时候总有另外的家长冒出来说："我想问老师，我们家的孩子话太多，见谁都不怕！怎么办？"

所以，不是孩子有什么问题，而是不管孩子怎么样，家长总觉得孩子有问题，因为家长普遍会焦虑。

我常举例子：如果一个歌唱家擅长唱低音，他会不会羡慕别人唱高音呢？他会不会因为自己唱不了高音而焦虑呢？显然是不会的。可是父母面对一个内向的孩子希望他外向，面对一个外向的孩子又希望他变得内向些，这不是孩子有问题，而是家长在追究一个"不可能"，即什么都想要。就好像在要求一个人低音、中音、高音都要会唱是一样的，这样的追求其实是很难实现的。因此，需要家长接纳一个事实：接受孩子的不完美。不完美其实不是问题，追求完美才是问题。

生活中从来不缺问题，而真正需要我们解决的是我们如何面对问题，如果我们用情绪来面对问题，往往就无法解决问题。

在我工作的案例中，大部分问题并不是因为孩子行为问题本身，而是孩子情绪引发的各种问题。比如不想上学，这件事的问题并非单纯是"不上学"这件事，而是在过程中孩子与父母有很多的情绪冲突；比如玩游戏无法控制时间这件事，问题也不是玩游戏本身，而是父母不知道怎么可以心平气和、双方友好地达成共识，这是个问题。在解决孩子行为问题的背后会引发各种情绪，而父母对情绪无法应付的时候，又会在更加激烈的争吵或者妥协放弃之间纠结，这些才是真正的问题。

3. 家长的改变也许"追"不上长大的孩子

小 J 每周都到我的工作室里来咨询。刚来的时候他表现得非常理性，很有礼貌，逻辑十分清晰。他告诉我："我非常清楚我现在的状况。上课睡觉是因为我晚上睡得很晚，而我又无法控制失眠。我想打游戏，可是我也知道打游戏对大脑会有伤害。我很想学习好，可是我就是学不进去。我跟我爸爸没有什么话可以讲，我妈妈对我还比较好。我常常处在纠结当中，对自己学习成绩下降也非常苦恼，因此我需要游戏来帮我麻痹自己，这也是沉迷游戏的原因。"

他说的这一切听起来逻辑没有问题，可以看得出他非常聪明。

我问他："那你来这里我可以帮到你什么呢？"

他说："我不知道。"

因为第一次是他妈妈让他过来的。她觉得自己已经没有办法帮到孩子，她处在纠结矛盾当中，她说父母都已经在做改变了，可是孩子上学的情况越来越糟糕。

她说的"改变"是指她从常常数落孩子到现在开始耐着性子陪孩子，好好说话。可是对于一个渐渐长大的孩子来说，这是远远不够的。

4. 孩子每个年龄段所需要父母扮演的角色是不同的

不同年龄段父母对应的角色

年龄	父母对应角色
0~3 岁	养育者和陪伴者
3~6 岁	平衡好父母与朋友的角色
6~12 岁	教练与朋友
12 岁以上	朋友

（1）养育者和陪伴者

在生存安全上给予他们足够的支持。这其中包含物质的、精神的。简单说来，是没有生存能力的婴儿必不可少的给予。

（2）平衡好父母与朋友的角色

孩子与父母不是从属关系，父母也不是权威，与孩子要有彼此的理解和尊重，是平等的。

（3）教练与朋友

不评判对错，只带领和陪伴孩子成长。在挫折和失败中一起汲取经验教训，把自己的经验告诉孩子却不强加给孩子，给建议却不代替孩子做选择，失败的责任一起扛，胜利的喜悦一起分享。

（4）朋友

既独立拥有边界感，也彼此有联结，分享喜怒哀乐，互帮互助。

我们来看下面这个案例：

在小 J 和我第五次见面的时候，他对我的安全感已经渐渐建立，不知不觉中他开始放下防御跟我说话，开始表达他内心的东西。他跟我说从来没人理解他，做错了事情父母要他承认错误，为什么大人没有错？他十二岁了，总是被要求，却没有人知道他真正想要的是什么。

他妈妈问我，怎样做到可以让他跟我如此表达的。

我说，一个十二岁的孩子需要的不是父母而是朋友。而你还在以一个"养育者"的身份与他相处，你怕他受伤，怕他没有能力，又无法听他需要什么，他不是婴儿，他会表达；同时他在十二岁之前很多期待没有被满足，时常又会出现幼儿样子的脾气。每次小 J 来找我的时候，我都会充分尊重他，让他想说什么就说什么，甚至骂人也没有关系，因为我知道他不针对任何人，只是在发泄自己的不满；同时我跟他说，如果我说的他不想听，也可以叫停。在我们每次聊天快结束的时候他总是说："为什么这么快就结束了？我打游戏都没有觉得时间这么不够用。"

显然，他在一个彼此尊重的空间里谈话感到十分放松，他渴望被听见，而不是应该说什么；他渴望被尊重，而不是他必须听别人说，无论他愿不愿意。在他的世界里，他非常需要有人这么来对待他，可是如果父母做不到，他几乎是绝望的。当然，父母偶尔也有做到的时候，但他内心又会担心这不是真的，会挑战看看会不会有变化。这就像我们搭一个架子，或者做一个木工活，我们会反复测试它是不是牢固，会不断晃一晃、拍一拍，看是不是真的结实。

绝望，孤独……

对于孩子而言，他们更注重内在世界，而父母更注重外来威胁，比如游戏、早恋。

孩子在成长过程中最重要的是父母给他的资产，父母能够给到即将长大的孩子的资产分两类，一类叫作"外部资产"，一类叫作"内部资产"。

小 J 的父母一直没有看到这个部分。或许他们在作为孩子的时候也没有拥有过父母给的"资产"。因而他们做父母的模式是来自过去作为子女的经验。

此外，父母还需要一个认知：孩子情绪稳定的前提是父母先了解自己需要做什么。

如果不了解自己想要达到什么目的就去做，对于解决问题来说是没有意义的。越做越错，到最后力气都耗尽也没有想要的结果。小 J 的情绪起伏很大，不是沉浸在游戏中，就是与父母激烈地反抗。他说他打游戏有一个主要的原因就是避免跟父母冲突。他与我谈话每次都是一个小时，这一个小时对他来说特别重要，每个人对需要的体验是不一样的，小 J 则是觉得内心某个点被满足了。父母不如放下对外在威胁的恐惧，好好安排自己在孩子的"资产"上给予帮助。

这种"资产"不是我们日常说的那种资产，而是家人的支持、为他人服务、树立一定的边界并参加一些自己喜爱的活动。

（1）家人的支持，是指家人给予高度的支持与爱。这里的支持不是指纵容和讨好，而是家人在尊重自己能力的基础上给予对方理解与爱，不一定是行为上做了什么，重要的是给予内心的支持。

（2）为他人服务，是指可以参加一些社区助人的活动，或者为弱者提供一些帮助，或者是一些公益活动。

（3）树立一定的边界，是指与孩子定一些规则，和孩子有约定，哪些是可以做的，哪些是不能做的，并有相应的惩罚机制。

（4）参加一些自己喜爱的活动，是指一些体育项目，或者兴趣班和户外活动。

如果父母与孩子间有这样的"资产"作为纽带，孩子的情绪掌控能力相对是比较强的。

当小 J 向妈妈提出给他买一个新的手机时，妈妈内心是不愿意买的，如果她违背自己意愿给小 J 买了，那不是支持，而是"透支"，她可以选择内心给予力量。小J的妈妈跟我学习了情绪的课程后，就做得很好，她对儿子表达了自己的想法："妈妈并不富裕，也不愿意给你买新的手机，我知道我拒绝你你会不高兴，但是我要真实表达我的想法，也不想遮掩什么。我知道你对自己的情绪很困惑，老师无法理解你，我和爸爸也无法完全理解你，但我看到你一直在努力。"

小J妈妈告诉我，她这么说的时候其实很紧张，因为她从来没有这么说过，后来她决定不再抱怨，大胆表达了出来。她没有想到小J是沉默的，并没有像过去那样爆发自己的情绪。

让自己变得真实、勇敢是需要很大勇气的，很多人不敢真实，因为害怕未知的结果。可是，如果我们了解到孩子比我们更害怕，他需要我们的支持时，我们的行动力就会不同。

在"资产"比较少的孩子身上，我们需要先在"家人支持"这一项下功夫，如果孩子没有这个部分的支持，他也很难有为他人服务的心。就好像自己碗里没有食物，又怎么给别人分一点食物呢？一个没有爱的孩子也没有办法给别人爱，规则将更无从谈起。

练习 3：按照下面的示例，和孩子一起给满意度评分。

极度不满意为 0 分，十分满意为 10 分。如果父母与孩子的满意度分数都在 5 分以下，需要协商如何提高；如果一方在 5 分以下，对方在 5 分以上，找出差异性。

资产	家长满意度(1~10 分)	孩子满意度(1~10 分)	重点改善
家人的支持	7 分	2 分	可以给孩子建议，不帮他做选择
为他人服务	3 分	6 分	给予孩子肯定，并找出自己期待值与孩子差别在哪里。
界限（规则）	8 分	8 分	保持
有时间参加所喜爱的活动	2 分	2 分	陪伴彼此去做一件对方喜欢做的事情

例：

资产	家长满意度(1~10 分)	孩子满意度(1~10 分)	重点改善
家人的支持			
为他人服务			
界限（规则）			
有时间参加所喜爱的活动			

2.4 运用家庭规则支持孩子情绪管理

1. 将有问题的家庭转化为有生机的家庭

转化，意味着我们回应事件的方式发生改变。

人会生病，家也会生病的。小 J 用他的表现告诉父母：我们的家生病了。

如果我们错误地认为这仅仅是孩子有问题，就会错过转化的机会。一片健康的土壤才能培育出健康的树苗；一个健康的家才能培养出健康的孩子。而孩子的情绪是家庭的投射，它像一面镜子，可以投射出家庭成员之间有多少联结、多少理解、多少交流、多少关爱。如果我们把精力花在纠正孩子的"问题"上，越用力问题就会越严重，孩子也会越疏离或者厌恶父母。这样在解决问题的路上无疑是在不断地制造着问题。

萨提亚女士在《新家庭如何塑造人》①一书中提到："健康和相对有问题的家庭有四种核心因素对比，所有问题家庭中存在着：自我价值低；沟通含糊、间接、不真诚；规则严格、非人性化，而且不可谈判、永恒不变；家庭以畏惧、谴责的方式与社会发生联系。而在有生机、教养良好的家庭中，我通常看到不同的模式：自我价值感很高；沟通直接、清楚、明确、真诚；规则富有弹性，又很人性化，恰当而且可变；与社会的联系是开放、充满希望的，是在选择的基础上建立的。这些改变全部依赖于新的知识、新的理解和新的意识。每个人都能够获得这些改变。"

在四种核心要素中，其中有一个规则在前面内容中有提到，它是孩子"资产"之一。情绪跟"规则"有很大的关系。我们很多人希望自己"时间自由""金钱自由"，其实更希望"情绪自由"。而我们也知道"自由"是建立在"自律"之上的，自律就意味着有规则。父母在家庭当中如何制定规则、如何执行规则对孩子的情绪是有直接影响的。

---

① （美）维吉尼亚·萨提亚. 新家庭如何塑造人. [M]. 易春丽，译. 北京：世界图书出版公司，2006.

（1）我们要意识到规则制定的目的是什么

<u>规则是为人服务的，不是为了制定规则而有规则</u>。就像我们规定作息时间，要求孩子几点休息，其目的是让孩子可以有一个健康的身体，最终让"规则"服务"孩子"。假设孩子有一页书还没有看完，我们因为规定时间到了而要求孩子"马上""立即"睡觉，孩子睡得着吗？孩子在很小的时候会听话，但不意味着对他的情绪没有影响，他内心的情绪会积累，到了叛逆期还是会爆发出来。当父母认识到规则是为人服务的，就不会僵化规则，而会让规则比较有弹性。同时，在不影响孩子健康、安全以及不影响别人的基础上调整规则，使得规则更富人性化。比如我们可以这样问孩子：还有多久书可以看完？就延迟五分钟哦。当然，孩子需要在看书前就知道这个规则，才谈得上可以调整。如果因为不给这五分钟，孩子很有可能在床上五十分钟都睡不着，那就偏离了制定规则的初衷——为了孩子的身体健康。

（2）规则需要跟执行人（孩子）一起制定

如果是父母制定规则由孩子执行，只可能在孩子小的时候起到作用，因为他还小，但不代表他服气，不服气就意味着有情绪。而情绪不是不表现就消失的东西，它会积累在孩子的身体里。当孩子成长到某一天时，情绪出来了，孩子是掌控不好的。

与孩子一起制定规则，除了尊重孩子，有两个目的，第一是教会孩子如何制定规则，让他体验到规则的"力量"，以及规则是如何在生活和学习中帮自己更加"自律"的。

第二是培养孩子的责任感。规则里有奖罚制度，这就告诉了孩子，任何选择都有一个结果，而作为选择的人需要为结果承担责任。

事实上，小J很大的情绪就来自"规则"不明确。他说在家里没有公平可言。节假日去外婆家吃饭，大人们吃完饭都在聊天，他觉得无聊就打开平板，结果被父母指责没有礼貌，罚一周不可以看平板。当他回忆起这个情节时，情绪失控地哭了出来。他非常困惑：为什么我们在和小伙伴聊天的时候大人什么都可以做？为什么他们在聊天我就不可以看平板？为什么还要罚我一周不能看平板？为什么都是我的错？为什么大人永远可以主导一切？他们没有错吗？小J跟我表达这些想法时，并不清楚为什么自己要承担后果，对于责任这个词也是困惑的。如果最终他的理解是：权威就是说了算的人，那么他的成长目标就是成为一个权威的人，因为权威的人可以随意制定规则，可以不用负责，他将不会尊重任何人。如果他成为不了权威的人则会痛苦，会找不到自己存在的价值。

2. 规则的制定

第一，有情绪的时候不制定规则。

规则是在双方都心平气和的时候制定的。如果在制定规则的时候失败了，不用强制自己马上制定，可以把选择权给孩子，即让孩子决定是再找时间还是现在克服困难完成规则的制定。而作为父母，我们需要坚持的是，时间可以调整，但我们必须要完成这件事。

第二，规则需要把双方的建议都写进去。

首先，这个规则是需要双方达成一致的。没有达成一致的文字是不可以写进去的，这是以后执行规则的基础。

这么做的作用是：孩子逐渐长大，他需要尊重和自由，父母倾听他的要求是对于他自由发表建议的尊重，合理满足他也是一种尊重。同时，孩子毕竟没有成年，在涉及自己和他人健康、安全的情况下，父母作为养育者是需要有界限的。切记，整个过程中，成年人需要有成年人成熟、冷静的态度才会有效。

第三，签名。

父母与孩子都需要签名。这是一种契约精神，也是告诉孩子，对自己的选择和约定是需要自己负责的。

让我们来看下面这个例子，是一个关于游戏时间管理的规则表。

关于游戏时间管理的规则

制定人：	王龙 王瑞杰（化名）
制定地点：	王瑞杰书房
制定时间：	2020 年 3 月 6 日 18:00
规则：	每周游戏总时间 150 分钟 单次不超过 35 分钟 王瑞杰若违反规则，本学期不再拥有任何游戏时间 王龙不得在游戏时间内干扰王瑞杰，违反规则王龙戒烟一学期
承诺人：	王龙 王瑞杰（签名）

王龙作为王瑞杰的父亲，跟孩子一起制定这个规则有三个原因：

① 王瑞杰无法控制好玩儿游戏的时间，特别是晚上做完作业，一玩儿游戏就会忘了时间，他担心会影响孩子的睡眠。

② 每到干预孩子玩儿游戏，孩子就会与他起冲突。在王瑞杰看来，游戏时间的多少要受父亲心情好坏的影响。他说父亲干涉他玩儿游戏，一

定是看他不顺眼找碴。他可以很清楚地指出：几月几号他玩儿了很久，父亲都没有说他什么，而几月几号才拿起手机几分钟，父亲就开始唠叨了。

③ 为了跟孩子更好交流，王龙研究了孩子玩儿的游戏，并尝试着玩儿了一会儿。他发现自己也会玩儿着玩儿着就放不下手机，成年人尚且控制不了，更何况是一个未成年人。

因此他与儿子王瑞杰进行了沟通，并尝试制定规则。

规则的时间写的是 3 月 6 日 18:00，而事实上这只是落到纸上的时间，在之前其实有很长时间是在沟通的。

一开始王瑞杰不同意制定规则，对此他有很大的情绪。

以下是他们的对话：

王瑞杰："你就是不相信我。"

王龙："如果没有规则，你是不是可以管理好自己的时间呢？"

王瑞杰："可以。"

王龙很清楚，作为成年人的他都很难做到，孩子要做到真的是难上加难。

王龙试着让孩子自己管理时间，果然王瑞杰没有办法做到，当王龙再次提出邀请儿子一起制定规则时，孩子同意了。

既然是双方一起制定规则，当然比家长单方面制定要难，王龙父子的规则充分体现了王瑞杰对"公平"的渴望。如果王龙违反了规则，不是给予王瑞杰什么优待，而是需要他戒烟一学期，这样才是公平的。虽然制定规则难度大，但是执行效果却大于家长单方面制定的规则。

从这个案例我们可以学到：父母不要着急制定规则。同时，可以看到孩子比大人更迫切要求公平，而家长要做的就是将公平真正落实下去。

✏️ 练习4：请根据上面的案例，制定一份家庭成员的规则，并写出来，格式如下。

制定人：	
制定地点：	
制定时间：	
规则：	
承诺人：	（签名）

3. 在有情绪的时候不表达

我们生来就有感受，不表达就会压抑，压抑无论对孩子还是成年人都会有负面效应。感受既然天生就有，那就不用刻意学习，只是需要唤醒，需要熟练表达。无论是我们还是孩子，在有情绪的时候表达真实意图是困难的，理解对方的真实意图就更困难了。

当一个人有情绪的时候，我们看到的是这个人的情绪，而不是这个人真正想要什么。比如夫妻或者情侣之间的吵架，说的都是伤感情的话，我们很难从对方的"攻击"中看到"需要"。可是情绪如果想来就来、想走就走那就太理想化了，要想让自己或者孩子平静下来，第一时间并不是要说什么，而是"闭嘴"。可是"闭嘴"这一动作对于有情绪的父母来说很难，他们会不断地说，喋喋不休地说，这样不但没有帮助到孩子，还会让孩子的情绪变得更加激烈，因此我们需要第三双眼睛来帮助我们。

这里教给大家一个方法：当我们和孩子有冲突的时候，我们想象在自己和孩子的外围还有一双眼睛，也可以想象它是一个摄像头，它正在看着我们，看着有情绪的自己或者孩子。这种想象会很快使自己从情绪中抽离出来。因为有情绪的时候需要做的第一件事情是看到情绪，只有看到情绪才会平复情绪。这个方法既可以自己用，也可以教给孩子。

4. 最简单的是表达感受，而非想法

小 J 妈妈对于小 J 一直盯着手机看的这个行为，要么一直说手机对大脑的影响，要么就发火说："你再这样下去就废了。"不知道说了多少遍，孩子表面上好像听着，其实耳朵早就被捂起来了。

我跟小 J 妈妈说："你用同样的方法却想得到不同的结果，这怎么可能呢？除非换一种方法。"

　　孩子的行为跟他的感受是有关系的。如果孩子看手机的感觉很差，那他一定不会拿着手机不放。因此，要想让孩子听话，从行为 a 变成行为 b，一定要想办法改变他的感受。如果我们说了几遍不要看手机，发现孩子置之不理，还在看手机，我们的感受是什么？很多人的回答是：这个孩子太不懂事了。或者家长认为自己太失败了，怎么说也没有用。这些其实都不是感受，只是想法。也就是说当我们说想法的时候，孩子是接收不到信息的，因为道理、想法都是后天环境里的人、经历给我们的，我们跟孩子讲道理，他无法认同，也不在一个"频道"。所以，要让孩子听我们的话，就要先"调频"。比如我说我心痛了，你未必会痛，可是你知道心痛是什么感觉，你会马上同理到我心痛的感受。如果我说我伤心，你也一定可以感同身受，因为你伤心过。感受比想法沟通起来更直接，而且感受是很明确的，是客观真实的。我们与孩子都有感受，我感受到的他也可以感受到，这是不需要教的。

　　小 J 妈妈尝试将感受表达了出来："我说了很多次你都不听，我真的很失望。"

　　孩子听后，虽然看起来在行为上没有什么改变，但是她说："我注意到我说的时候儿子停顿了一下。"是的，说明他被"电"到了。那一次后，孩子真的不用催就放下了手机去休息了。

　　所以请大家记得：一个会冷静表达感受的父母，才会有一个"懂事"的孩子。

✎ 练习5：根据示例，将与孩子的沟通感受记录下来，并填入表中。

例：

	感受	孩子的行为	可能的后果
1	我此刻很担心	因为看到你已经吃了两个冰激凌了	我不希望你等会儿肚子痛
2	我很生气	你没有遵守我们的约定	我们之间的信任感正在减少

	感受	孩子的行为	可能的后果
1			
2			

2.5   高自我价值的家庭成员拥有稳定的情绪

1. 健康家庭与社会的联系是开放、充满希望的

当一个孩子情绪管理出现问题，我们要仔细观察并找到影响情绪的原因，社会原因也是一个重要因素，其中一个媒介就是电子产品。

电子产品是双刃剑，既可以增加孩子与社会的联结，又可以阻断他们与社会的联结。

皮尤研究中心发现，在美国12~17岁的青少年中，88%的人有手机，92%的人每天都在上网。在中国发展迅速的地区，比例也不低。《柳叶刀》医学杂志曾发表过一篇论文：网络成瘾的病人中，很大一部分伴有多动症、情绪问题、双相情感障碍等。

除此之外，电子科技大学中山学院针对儿童使用电子产品的情况做了调查，调查显示：3.14%的儿童会出现身材肥胖，容易产生疲倦感等问题；28.57%的儿童会出现视力下降，有弱视、近视问题；7.14%的儿童对现实

感缺乏，沉迷虚拟世界；18.86% 的儿童不愿外出，社交能力薄弱；22% 的儿童脾气暴躁，容易无理取闹。

虽然电子产品对儿童健康的危害不容小觑，但电子设备已经成为我们生活中不可或缺的一部分。对于父母的一个挑战就是：如何帮助孩子成为一个全面发展、能够与科技产品共存而不被其左右的人。有三点需要注意：

首先，作为需要运用电子产品的成年人，我们先对自己进行观察：如果关机或放下手机，多长时间会感到焦虑？做这样观察的目的是先体验自己的感受，有助于在与孩子沟通的时候同理。先同理手机对他们来说是重要的社交工具，缺少的话的确会有影响。然后再表达我们的担心，孩子也相对容易接受。

其次，制定晚上不可以用手机或者其他电子产品的规则，因为屏幕光线的刺激会让孩子比生理钟更晚入睡。我们家就是在客厅设定充电场所，睡觉前所有的电子设备都在客厅充电，不允许带进卧室。

最后，与孩子谈论他们在手机或者平板中看到的内容。让他们觉得不但在虚拟世界有人愿意交流，在现实中与父母也是可以交流的。与孩子交流的时候，可以帮助孩子多角度思考一些问题的建议，引入更为积极的态度来了解社会与世界。

那么，青少年使用电子产品应该以多长时间为宜呢？美国儿科会提出了一系列建议：

（1）儿童看电子屏幕的时间应该因年龄而异

① 18 个月以下的婴幼儿除了与家人的短暂视频通话外，应禁止使用

任何电子设备；②18 个月至 2 岁的孩子，家长可以挑选适合的节目或视频，并跟孩子一起观看，不仅要帮助孩子弄明白所看内容，还要帮助孩子把学到的知识在现实生活中活学活用；③5 岁及 5 岁以下的儿童睡觉前 1 个小时应禁止使用电子设备；④家长与孩子玩耍时，手机应设置为勿扰模式。

尽管电子设备能在飞机、手术等场合帮助安慰孩子，但家长应避免只用这种方式，因为经常这样做会影响儿童控制自己情绪的能力。

（2）我们需要跟孩子多说些"废话"

当一个人情绪低落的时候，怎么才能让自己高兴起来呢？

美国心理学家协会的调查显示：最常见的方法就是那些能激活大脑奖励系统的方法，比如吃东西、喝酒、购物、看电视、上网和玩游戏等。因为大脑会分泌一种叫多巴胺的物质，它向我们承诺：会让我们感觉良好。因此，当我们想快乐的时候，就会分泌大量的多巴胺，我们把这种反应称为身体缓解压力的承诺。想得到快乐是一种健康的生存机制，它和远离危险一样，都是人类的本能。但是我们要选择一种良好的缓解压力的方式。

我跟小 J 妈妈说：小 J 跟我谈话一个小时完全没有觉得无聊，没有坐立不安，甚至结束的时候说时间过得很快，这就可以判断出孩子的确迷恋手机，但是还没有到沉迷的地步，这样的孩子更需要与外界的沟通与互动。如果他觉得虚拟世界比现实世界有意思，他会选择虚拟世界；可是当他觉得现实世界的聊天比虚拟世界有趣，他就会选择与人谈话。当父母可以更多地读懂孩子心理需求的时候，他对手机的依赖就会下降。

很多家长会有刻板印象：孩子越大，与大人越没有共同话题。如果我们真的如此认为，那么真的就不会有什么好谈的。我们可否回忆一下，自己的童年需要父母怎么做呢？我们难道真的希望自己的父母跟我们天天谈理想吗？显然不是。既然孩子 12 岁以后需要的就是朋友的角色，那么我们就要尝试着去做他的朋友，去聊朋友之间感兴趣的那些话题，大多数都是父母看起来没有意义的"废话"。

比如，我们可以聊一些：

你最近的游戏里有哪些人物是厉害的？

你在玩这些游戏的时候是什么感受？

我们那个年代没有手机，打游戏去游戏房，想不想知道那是什么样子的？

练习 6：与孩子一起交换秘密。
家长可以分享一个小时候背着自己父母做的一件"坏事"。

2. 我的价值在哪里

小 M 是一个初二的学生，非常沮丧地来到我的工作室。他来时带着的情绪并不是叛逆中的愤怒，而是对自己深深的失望。他说，数学完全学不进去，综合成绩从初一的中等水平一直掉到最后一名。他用游戏来逃避压力，可是越逃避成绩越差，成绩越差就越想逃避。

小 M："我每天不想起床，醒来一想到要面对数学就很沮丧。"

我其实特别能理解小 M 的痛苦，因为我也曾经经历过。我上高二的时候，当时我们省里有一个规定：高考前要参加会考，会考通过才能参加高考。当时在会考的时候，我的物理和化学都没有通过，一个 59 分，一个58分。我当时觉得天都要塌下来了，脑子里完全是老师和父母对自己的差评和责骂，自己也陷入深度自责中。

我作为一个班干部，竟然会没有通过！

万一补考还没有通过怎么办？

两门不及格很可能无法参加高考，不参加高考我就不能上大学！

就差一两分，怎么没有再努力一下？

…………

当时的情绪是沮丧、难过、羞耻，恨不得一下睡过去，永远不要醒过来。我记得很清楚，我不想醒着，可是又不敢去死。每次放学一到家就睡觉，醒过来就好痛苦。好朋友们担心我，来我家看我，门都快敲破了我也没开。我害怕见他们，觉得太丢人了。好在我还有一个内在"资产"，就是我不服输。后来经过一段时间的调整，在补考时，两科都以高分通过。当时我就明白，不是我笨，是我状态不好，没有学习动力。

此时的小M正在经历和我当年一样的痛苦，需要的是让自己学习的一股动力。这股动力就是：我相信自己不会就这样认输了。

高二那一年，我的"倔强""不服输"帮助了我，但我更要感谢我的父母，因为从小他们对我的赞许不仅仅是学习成绩，还有很多其他方面的赞许，让我很快就从低价值感中走了出来。

对自己失望、沮丧甚至羞耻是一个人觉得没有价值的时候会有的情绪。当一个人认为自己存在的价值来自外在，那么就会不断对外争取。比如学习成绩、社会地位、金钱，外貌等。这些外在价值可以被证明的时候，当事人会感到高兴，可是往往持续的时间并不长，于是在外在行为上就不停地去争取，就像一个无底洞，情绪也会变得焦虑。这就是为什么很多青少年学习成绩即便很好，也不见得情绪很好。如果孩子们除了成绩没有其他可以证明自己有价值的时候，会焦虑，会不快乐，会不幸福。因为对于一个生命来说，他不过是学习的工具。

有一个五岁男孩的母亲来找我，她说最近儿子天天要穿着超人的外套，天热也不肯脱下来。他总是不断问妈妈："我是超人对不对？"她很担心。

我对这位母亲说："你猜他喜欢穿超人外套的原因是什么？"

母亲回答："他想当超人，关键还以为穿了超人同款的衣服就是超人了。可他不是啊！"

我说："他喜欢超人的什么特质？"

母亲回答："勇敢、聪明吧。"

我又说："如果超人不具备勇敢、聪明，你觉得他会穿这样的外套吗？"

母亲回答："不会。"

我告诉她："他不是喜欢这件衣服，而是喜欢穿这件衣服的人和这个人所具备的内在品质。如果你可以看到孩子也有这些品质，请去欣赏他，让他相信自己也具备这样的内在品质，这样他穿不穿超人的衣服就不重要了。"果然孩子很快就没有这个行为了。

这个例子告诉我们，<u>一个人有没有价值，更重要的是体现在"内在"。</u>

我在高二那一年的考试虽然失败了，但是我没有认为自己失去了价值，"不服输"是我的内在性格，它比"外在"的东西要牢固很多。因为这是属于我自己的，别人是拿不走的。而学习的难度我无法控制，可以掌握的是自己的毅力和决心。

3. 自我价值在于如何看待自己

什么是自我价值呢？简单来说就是自己如何看待自己。

如果一个孩子学习很好，只以学习为傲，但他不能保证学习一直好，这样就会诱发自己不快乐。如果他能察觉到自己内在的东西让自己觉得有价值，那么就会更有希望和活力，并成为学习的好帮手。当然，这还不足以说"自我价值"就很高。<u>真正的高自我价值来自"存在"就是有价值的。</u>

（1）自我价值不是比较出来的

当一个孩子在你眼前的时候，也许你会拿他跟其他孩子比，比如外在的成绩和内在的品质。我有一个朋友的女儿因为常常被比较，最后受不了就离家出走了。那一刻她父母觉得很后悔。一个孩子如果觉得他的价值是比较出来的，那么他的情绪里往往带着焦虑。这种焦虑会发展出更多情绪，比如失望、无力、烦躁、暴躁。

是大树有价值还是小草有价值？它们同样沐浴阳光，赋予生命意义。

小草说：我们的价值是一样的

（2）自我价值高并不是骄傲和自负

自负和自卑其实都是自我价值低的表现。

一个自负的人之所以自负是因为怕被超越，而表现出傲慢。如果相信自己就很好，是不需要害怕的，更不需要用傲慢来证明自己很强大。相反，会很平静稳定。狮子不需要证明自己是狮子，因为它清楚它就是狮子。一个高自我价值的孩子也不需要用外在去证明自己，他清楚自己独一无二。

我常常用玫瑰花做比喻。如果自己家的孩子是一朵"玫瑰花"，有刺就是他的特点，而大人常常夸隔壁家的"百合"。孩子从小就听类似的话，其实他心里是希望成为百合的，而事实上他成为不了百合，最终也没有绽放成一朵玫瑰，他就失去了对自我价值的认同。

所以，**父母的自我价值感不高，是不会培养出高自我价值的孩子的。**因此，希望孩子自我价值高、拥有稳定的情绪，一定先看看父母的自我价值感。如何测试呢？有一条就是情绪。越是自我价值高的人越会直面自己的感受和情绪，情绪来时他就会随时面对和处理，不用压到实在无法承受时才去面对，有了就排出，无须掩饰自己的情绪，因此日常的情绪就是平和的。而情绪波动大的人显然是平时没有处理和面对，他们的自我价值往往是低的。下面这张表是低自我价值和高自我价值的对比表。

自我价值对比表

低自我价值	高自我价值
我想要被爱，索取爱，常认为自己不被爱	我知道并相信被自己和他人爱着
面对压力是防御的，情绪是不稳定的 世界是不安全的 不能接受别人跟我意见不同 我和别人的事情常常分不清 没有边界感	面对压力情绪是稳定的 这个世界是安全的 我可以接受别人跟我不同 我包括我和我们 我和别人是有边界的

续上表

低自我价值	高自我价值
观点是僵硬 对事情和人是有评判的 害怕被超越 嫉妒 自卑	**观点是松动的** 对人和事情是接纳的 欢迎竞争 愿意分享和帮助他人
情绪按钮在别人手上 容易被他人的行为引发情绪	**情绪按钮在自己手上** 自己可以管理自己的情绪
被家庭规条和"应该"驱动	**自己会客观地选择并且为自己的选择负责**
不信任自己和他人 压抑感受不接受负面情绪 留在熟悉中	**信任自己和他人** 诚实 接纳自己的负面感受 客观全面地看待人与事 愿意冒不熟悉的风险
聚焦于过去 想要保持现状	**聚焦于当下** 愿意改变

练习 7：自我价值测评。

　　每周可以做一次，自己与自己对比即可，没有标准答案，此表用来检测相对自己的自我价值是否提高。给自己的现状打分，完全不符合：0 分；完全符合：5 分。

自我价值测评	在符合的分数上打分，完全符合为 5 分，完全不符合为 0 分，以此类推					
我想要被爱，索取爱，常认为自己不被爱	0	1	2	3	4	5
面对压力是防御的，情绪是不稳定的	0	1	2	3	4	5
情绪按钮在别人手上	0	1	2	3	4	5
压抑感受不接受负面情绪	0	1	2	3	4	5
容易被他人的行为引发情绪	0	1	2	3	4	5

续上表

世界是不安全的	0	1	2	3	4	5
不能接受别人跟我意见不同	0	1	2	3	4	5
我和别人的事情常常分不清，特别是和亲近的人，没有边界感	0	1	2	3	4	5
我常常瞧不起别人	0	1	2	3	4	5
我常常在我认为的优秀的人面前自卑	0	1	2	3	4	5
我害怕被超越	0	1	2	3	4	5
我的观点僵硬，比如我常常会说做人"应该"	0	1	2	3	4	5
我其实不太信任自己和他人	0	1	2	3	4	5
我常常会说如果过去不是这样，现在就不会这么糟糕	0	1	2	3	4	5
我对未来有很多不确定的担心，甚至恐惧	0	1	2	3	4	5
我喜欢熟悉的地方，并且害怕陌生环境	0	1	2	3	4	5

注：分值越高，自我价值越低。

青少年情绪管理：

21 天情绪管理训练营

第 3 章

帮助孩子找到情绪的密码

3.1　解码一：换个角度看情绪来由

在我的工作室中，因为孩子打游戏而引发情绪暴躁的案例不在少数。

小 W 是其中的一个孩子，只要打游戏输了，就会骂人。如果是队友的问题他就骂对方是猪，还说很多脏话；如果是自己的问题，会更加生气，而且还会砸东西。

我问他妈妈，他一般砸什么？他妈妈说，多数是砸门，一般不砸贵重的东西，有一次手机就在他身边，他拿起来但没扔，而是犹豫了一下找了个水杯扔了。

很显然，孩子还是有理智的，他知道手机很贵，没舍得砸。

孩子的情绪问题往往是日积月累出来的。*小情绪得不到正确的释放，就会慢慢变成比较棘手的大情绪*。很多父母一味地责怪孩子沉迷游戏，这对于孩子来说是不公平的。游戏是导致孩子情绪暴躁的直接原因，但不是根本原因。或许他觉得没有人愿意倾听、理解他，作为大人，我们需要换一个角度来探索孩子情绪的由来。

1. 孩子的情绪很多是因为自己没有被大人真正了解

当孩子表现出不开心的时候，大人通常会说什么呢？也许会说："不要不开心了吧。"我记得有一个父亲跟我说，他的两个孩子要去小区里玩滑梯，当他们走到那里的时候看到场地在维修，要三天后才能开放，保安说不能玩了。除了他的两个孩子，还有小区里其他几个孩子都表现出了暴躁的情绪，他们有的哭，有的喊，有的耍赖。大多数家长就讲道理："这里牌子上写着不能玩，危险。"可是孩子们是听不进去的，他们依旧用情绪来表达自己的失望。这位父亲看到了孩子的失望，于是他不断地说："你们很失望对吧？很难过吧？玩不了滑梯了是吧？"他的两个孩子开始放低了吵闹声，伤心地哭了出来，父亲蹲着抱着两个孩子，他们两个渐渐安静下来，低着头跟着父亲走了。而此刻，其他孩子依然不妥协，孩子们用尽他们可以用的方法表达他们的失望。但是很遗憾，家长们没有看见他们的失望，最终他们只能在家长的呵斥下离开。这常常也是家长解决问题的最后手段，解决了短期问题的同时都埋下了孩子未来的"情绪炸弹"。

每一位对孩子情绪有困惑的父母都可以回顾一下在孩子小的时候，我们是否听到过孩子的感受，是否认真给予过孩子情绪的关注？孩子情绪爆发看起来是短期的，而积累的时间是长期的。因此，需要给自己和孩子一个时间周期。

2. 听不到孩子的情绪是因为听不见自己的情绪

为什么大人给予不了孩子情绪上的关注呢？这是个"遗传"问题，不是基因上的遗传，是家庭系统中情绪处理习惯的"遗传"。每个人都有情绪，如果我们在小的时候情绪不能被大人看到，我们的情绪就是压抑的，渐渐会认同有坏的情绪是不对的，甚至有些家庭会认为好的情绪也不该常有，比如担心"乐极生悲"。因此很多人不是在解决情绪，也不是在管理情绪，而是选择压制情绪。而压制的情绪就像气球，最终还是会爆炸；或者躲避情绪，不去看情绪。有人说："我可以去购物，去喝酒或者去做其他事情，这些烦恼就没有了。"其实这些方法只能暂时缓解，情绪是不会自然消失的。

我们可以要求自己不用情绪伤人，同时也要清楚这么做是要付出代价的，没有处理的情绪不是伤人就是自伤。而事实上，不希望自己伤到别人的人也不见得真的没有伤到别人。所以，我们要教会孩子不仅"不伤人"，还要做到"不伤自己"。然而，很多父母是不会管理自己情绪的，那自然也无法帮助孩子。

我们可以把管理情绪的能力理解成情商教育。哈佛大学心理学博士丹尼尔·戈尔曼认为，情商就是情绪智力，主要包括：了解情绪、管理情绪、自我激励、认识他人的情绪和处理与他人的关系。这句话我特别认同，管理情绪首先要了解情绪。比如销售一个产品或者管理一群人、掌管一个家，前提就是要先了解他（它）们。

我们用什么样的方式对待自己，就会用什么样的方式对待孩子，孩子也会习得这样的方式。

了解情绪之前，我们要做到对它不抗拒。

要掌控情绪就需要了解情绪密码，如果密码按错了，情绪不但没有解决反而会更加糟糕。就像有些人面对负面情绪会抗拒或者爆发，之后又会自责，而抗拒和自责都会加剧下一次情绪来的强度。

3.2　解码二：正确认识并表达情绪

我们每个人都有情绪，情绪有点像天气，有阳光灿烂的时候，也有阴雨风雪的时候。我们会喜欢什么样的天气呢？可能有人喜欢晴天，有人喜欢雨天。我们可以选择喜欢或不喜欢，但无法定义什么是好的，什么是不好的。

1. 情绪正确的认识方式

我们可以人为地把情绪分成正向的和负向的。正向的，我们用"+"来表示，负向的我们用"–"来表示。能让我们的情绪是积极向上的、感觉比较好的，就归为正向情绪；让我们觉得低落的、感觉不是很好的，就归为负向情绪。

比如孩子说："我很生气。"通常大人会说什么？会说："不要生气，有什么好生气呢？""要懂事。"

渐渐地"生气"在孩子内心就不仅仅是"生气"了，而是"不懂事"的代名词，只要说"生气"就代表"不懂事"。很多孩子不会表达他的情绪，只会用极端的行为来发泄，这是非常不健康的。

很多父母说："我从来没有想过这个问题，我也不知道该如何表达自己的情绪。我已经习惯了这么多年就是这么来面对情绪的：压抑或者发泄。因为我小的时候就是这么过来的。所以，孩子不会表达也在情理之中了。"

如果要孩子把情绪说出来，我们就要先学会跟孩子表达自己的正向和负向情绪。

2. 情绪健康的表达方式一：把"你"改成"我"

比如小 W 在砸东西的时候，他妈妈忍无可忍地发火："你一玩游戏就控制不了情绪，不能再砸了！我警告你，以后再发脾气就不许再碰游戏！"

可是，下次还是一样。

我对小 W 妈妈提出的建议是人称转化：把"你"开头改成"我"。

"我很失望，很生气，很无力！你每次玩游戏输了就发脾气，我又做不到不让你玩，我对自己很失望，对你也很失望。"

我跟小 W 妈妈说："我虽然告诉你方法了，但是你不能照着我的念，需要你真的可以看到自己的情绪。"

后来，小 W 妈妈两次面对小 W 的"屡教不改"并没有立即去做出表达，而是在自己房间里说着自己的情绪："我对自己很失望，我觉得我是一个失败的母亲，我对儿子也很失望，我感到很无力。"她第一次感受到愤怒背后的悲伤，在房间里哭了起来。过了一会儿，她走出房间跟小 W 表达了自己的情绪："妈妈觉得很失败，对自己很失望，我对自己生气，也对你生气，也许有很深的失望，但是我又不想放弃你，因为你是我儿子。"

小 W 这一次是明白的。每个人对他人的"情绪攻击"会自然防御。在过去，小 W 看到妈妈是借自己的问题发泄情绪，他自然就屏蔽妈妈说的所有话，除了知道妈妈有情绪之外，并没有获得更多信息，即便跟他讲道理也是没有意义的。因为道理小 W 自己也都明白，做不到的原因就是自己内心根本没有接受、没有认同。而这次，妈妈改变了说话的方式，明确告诉儿子，是因为"我""觉得"而产生的"情绪"，我的确有情绪，我也承认自己有情绪。

✐ 练习 8：人称转化练习。

将生活中与孩子容易引发冲突的句子改一改。

	原句	改后
例：	你今天作业做得太慢了。	我觉得你作业做得太慢了，我着急了。你怎么看？
1	你作业太拖拉了。	
2	你太不负责了。	
3	你太不懂事了。	
4	你想得太简单了。	
5	你太邋遢了。	

3. 情绪健康的表达方式二：先"通情"再"达理"

每个人的经历不同，大人经历过的事情说给孩子听，孩子是无法做到感同身受的。在课堂上，我常常举吃榴梿的例子。如果你跟一个从来没有吃过榴梿的人说榴梿的味道，他永远不会知道，除非他亲自吃一口。所以，跟孩子表达情绪一定要说出来，这样才能跟孩子"同频"。每一种情绪都有其独立的神经生理机制、内部体验、外部表现和不同的适应功能。身体的感受也是一样的，不用学习就会知道。比如，我说我饿了，大家是不是就可以感觉到饿是什么感受？我说我很害怕，大家是不是可以理解到害怕是什么？因此先用"我"开头表达"情绪"，对方立即可以明白，对孩子不要着急说理，先"通情"再"达理"。

3.3　解码三：经由感受与认知改变情绪

1. 感受与情绪的不同

情绪和感受有什么不同呢？感受是我们人体非常客观的一种体现，有皮肤的感受、五官的感受、心情的感受。

比如说家人做了红烧肉，我闻到了红烧肉的味道很香，这个时候，鼻子就帮助我有了一个感受，那就是嗅觉。

有时候我们的皮肤也会有感受，热的感受、凉的感受、麻麻的感受。

又比如，我们的肚子会饿、会胀、会饱，肚子会有很多的感受。再比如，耳朵能听见很多的东西，声音是刺耳的还是柔和的。我们还有味觉，甜的、酸的、辣的等。

我们的眼睛看到的一些景色，花草、高楼大厦，各种各样的颜色，有柔和的，有刺眼的。这些都是我们的视觉感受。

所谓眼耳鼻舌身，眼睛、鼻子、舌头、耳朵、皮肤都是我们接触感受的媒介。

还有一个就是我们的心情。比如我们汇报工作的时候会紧张，紧张就是一种感受。我们看到恐怖片会害怕，害怕也是一种感受。我们看到下雨了，有些人会很开心，开心是感受，有些人会很担心，担心也是一种感受。这种心情的感受，也属于我们的感受之一。

什么是情绪呢？比如我们看到孩子发脾气，歇斯底里地吼叫，我们会非常焦虑。这里孩子有情绪，他的情绪又引发了我们的情绪。

情绪听起来好像跟感受有点像，其实是不太一样的。我们在发脾气的时候，心情是稳定的，还是波动的？是的，那个时候一定是波动的，而且我们无法控制。但我们仅仅有感受的时候，我们的心情是稳定的。当情绪来的时候，我们是失控的，所以管理情绪非常重要。

可是，感受是不需要管理的，因为感受是一种客观存在。你闻到的香气、听到的声音、表达的心情都是客观的。

无论你怎么想改变，它也改变不了。比如说我感觉疼，我不能说我不能疼；现在很开心，我没有办法说不能开心；如果我现在很害怕，也不能说我不应该害怕，害怕就是害怕。

但是情绪不一样，情绪是可以改变的。如果我们把感受和情绪做一个比喻的话，*感受是你的老师，而情绪则是你的孩子*。因为在本质上，感受能帮助我们更好地了解自己，而情绪则在提醒我们要好好照顾自己。因为感受是属于我们的，她让我们感受到自己的存在；如果我们忽略自己的感受就会容易有情绪，情绪往往在告诉我们，我们与自己失联了，我们失去了自我，包括自己管理自己的能力。

还是刚才的例子：如果你吃了一块红烧肉，觉得很好吃，你就会多吃两块。那这个时候有人说："你吃得太多了，要少吃一点。"如果我们把对方的这句话理解成"嫌弃我吃得太多了，他在批评我，在指责我"，那么可能就会有情绪；如果我们理解的是"他是在关心我，怕我吃撑了"，那么就不太容易有情绪。

情绪是我们对某些事情没有真正去理解而产生的一种反应，如果这种反应比想象得更加糟糕，甚至无法去控制它，那么就会让情绪变得更加糟糕。

就像前面提到的小W，他告诉我，他的情绪是因为游戏里的伙伴太笨，所以他情绪不好。另外一旦他有情绪，父母只有两个方式：让他冷静或者骂他一顿。

这两种方式事实上都没有起到效果，因为冷静是一时半会儿冷静不了的，就像一壶热水不是想冷就可以冷的，压制也不是办法。

2. 家庭情绪与孩子行为没有直接关系

我们很多人知道踢猫效应，是指家庭中一个成员的情绪影响到家庭其他成员。踢猫效应是指本没有责任的家庭成员莫名其妙被动地作为某一个人的"出气筒"。踢猫效应会引发整个家庭的情绪，比如爸爸被领导骂了，回来跟妈妈吵架，孩子在旁边就很害怕、很紧张。还有一种情况，比如家里有人突然得重病，或者家庭财政危机，整个家庭也会陷入情绪里。现在最为常见的引发家庭情绪就是孩子的学习成绩不理想，不断下滑；孩子不与家人沟通，情绪暴力（包括冷暴力）。在这种情况下，每个人在家庭中的情绪都会被拉低，就像一个屋子的钟摆，时间长了，所有的钟摆都在一个频率上摇摆。

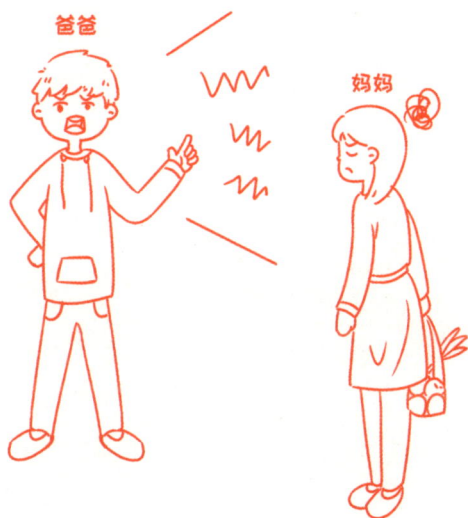

　　人们似乎习惯通过找另一个人来承担坏结果的方式，来让自己心里好受一些。比如，经常见到的场景，大人对我们说："你要乖哦，不乖妈妈就生气了。"原来大人的情绪是因为我不乖，所以我要为他的情绪负责。

我们可以看看是不是真的？我们的情绪是不是因为孩子的某个行为所致

呢？

当孩子行为与家长有冲突时，家长会有哪些反应？

吼叫？责骂？忍气吞声？讲道理？还是假装没有看见？

我们通常在什么情况下会有情绪呢？我相信每个人、每个家庭都不同。比如：孩子在家里雪白的墙上画画这个行为，我们的反应就会不一样。大家看到这里，可以问问自己，当自己的孩子这么做了会产生哪些反应。

有些父母会赞同，让孩子随便画；有些父母会反对孩子画。

为什么会有不同的反应呢？因为认知不同。认知引发了我们的情绪，情绪又引发了我们对待孩子的行为，即反应。

当我们的认知是，孩子在墙上画画没有什么不好，可以发挥并激发他的天赋，那么我们的感受就会很好，情绪也是正向的，还会鼓励他画；如果我们的认知是，好好的一面墙被孩子画成这样，我还要花时间和金钱去修复，太麻烦了，那么我们的感受一定也会很差，从而有了反对孩子继续

在墙上画的行为，甚至会斥责孩子。这个时候我们就会说："你看看你，又让我生气了。"

如果我们的认知是，告诉孩子墙上不能画，可以引导孩子换个地方画，那么我们的感受不一定舒服，但是不会斥责孩子，而是去冷静沟通。

从这个例子来看，我们了解到自己对孩子行为的三种不同反应，通常就是因为这个行为，而不是因为孩子。如果是孩子的问题，那么大家的反应应该一样才对。

3. 拥有稳定的情绪方式

（1）改变认知

这是一个真实案例。我的同学无法容忍自己家的墙被孩子画上画，可是她依然没有逃过孩子在墙上画画的事实。她每次都会吼孩子，可是孩子还是会画。有一天她来我家玩，看到我家墙上全是我儿子画的画，就问我怎么可以容忍孩子这么做。我说我没有指望一个四岁的孩子能控制住自己，等孩子大一点我再重新贴墙纸。

孩子的行为（没变）：在墙上画画。

我的认知（改变）：我要花时间花钱修复，孩子短时间改不掉，我等两年再说。

我的感受（改变）：从愤怒变为无奈。

我的情绪反应（改变）：冷静讲道理。

我们会发现，大人的情绪会发生变化，孩子的情绪也就发生了变化。

我们通过一张图，来看一看情绪是怎么产生的。情绪和我们的行为以及我们的认知有什么关系？

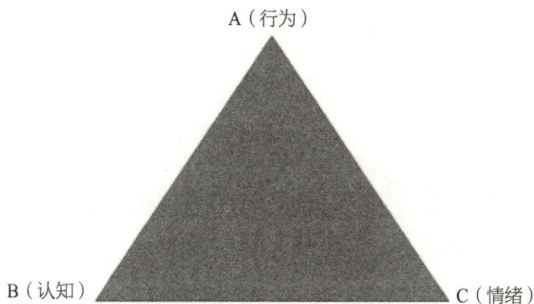

A（行为）

B（认知）　　　　　　　　　　　　　　C（情绪）

这个三角形中，A 是行为，比如我们平时做的一些事情；B 是认知，就是我们的想法、看法、假设等；C 是情绪。

比如说孩子想好好学习，但是他认为学习很难，这就是孩子的认知。当他觉得学习很难时，就会有一个情绪，这个情绪可能是沮丧。

事实上学习难不难呢？这不是某一个人说了算的，因为每个人的看法都不一样。当觉得难的时候，可能就会害怕退缩、沮丧，那么就形成了一个负面情绪。

当有了负面情绪时候，就会产生一个行为，这个行为可能是看到这个课程就不想学，就会停止。但是如果我们换一个角度想：学习并不难，方法用对了，可能学习就会很简单。如果有这样一个认知，情绪就可能会变得积极，那行动也会变得积极起来。

A 会影响到 B，B 会影响到 C，同时 C 也会影响到 A，A 会影响到 B，它是循环的。这就是情绪 ABC 法则。情绪 ABC 法则的创始者埃利斯认为：正是由于我们常有的一些不合理的信念才使我们产生情绪困扰。如果这些不合理的信念长久存在，就会引起情绪障碍。情绪 ABC 中：A 表示诱发性事件行为；B 表示个体针对此诱发性事件产生的一些信念认知，即对这件事的一些看法、解释；C 表示自己产生的情绪和行为的结果。

我们再举个例子。

孩子在做作业的时候有情绪了，这个情绪是因为什么呢？他有什么想法呢？他是怎么看待这件事情？

我有一次看儿子做作业时有些情绪，我问他怎么了。他说："我觉得很烦躁，因为爸爸一直在催我。"这个时候我明白：他的情绪是烦躁；他有一个认知是觉得爸爸在催他。所以他的作业效率不仅没有加快，而且更慢了。最终的行为就是"慢"甚至"不做作业"。

我跟他说："也许爸爸真的是在催，也许爸爸也很着急，那爸爸在想什么呢？我们是不是也要去了解一下？也许爸爸希望你早点做完可以早点睡觉，或者觉得以你的水平应该是很快就能做完？"

我们可以尝试把孩子的认知展开，哪些是以前没有想过的，去创造一些新的可能性出来。这个时候情绪是不是也会改变呢？随之，行动是不是也会发生改变呢？

当人的认知发生改变了，情绪也会发生改变，那行动就会发生改变。当我们的行动越来越积极的时候，我们的认知也会变得越来越积极，那我们的情绪也同样会变得越来越正向、越来越积极。

我们学习情绪 ABC 法则只是一种方式，在生活中多去理解和关心孩子的情绪 ABC，比运用这个方式去处理孩子的情绪要重要得多。

练习 9：情绪 ABC 转化练习。将冲突事件的情绪 ABC 写出来，并进行调整。

	改变前	改变后
行为 A		
认知 B		
情绪 C		

（2）看到感受

我们要看到我们的感受。看不到感受，我们也很难拥有稳定的情绪。孩子面对他们的情绪，也需要看到自己的感受。如果可以的话，可以说出自己的感受，越是可以把感受表达出来，人的情绪就会变得越稳定。

还拿我先生催儿子做作业这件事情来说，除了改变孩子的认知，我还可以做另外一个尝试，就是引导他看到自己的感受。烦躁不是感受，烦躁是情绪。他的感受其实是委屈、紧张、难过、无力。当他看到并说出来的时候，其实他的情绪已经消解了一大半了。

（3）没事的时候也可以聊聊情绪

我们习惯了当孩子有情绪或者与孩子有激烈冲突的时候，才想去处理情绪的问题。其实这就像生病了才想到健康，年纪大了才想到要保养身体。平时跟孩子聊聊情绪或者感受，就可以大大提高孩子面对情绪时的稳定度。你有没有这样的体验，会莫名其妙心情低落？孩子也会的。我经常问孩子今天心情如何。儿子有时候会说很好，有时候会说不好。即便那天没有发生什么特别的事情，他还是会感觉不好。有一次我去南京出差，晚上跟他视频的时候就问了他这个问题。

我："现在感觉怎么样？"

儿："不怎么样！"

我："哪里不舒服？"

儿："我胸口闷，像堵了块东西。"

我："发生了什么？"

儿："今天没有什么事情。"

我："它让你想起了什么？"

儿："我想起了几年前的一种感觉。"

我："可以跟我说说吗？"

儿："我想起了爸爸不允许我解释他的误解，他总认为他是对的。有一次他买了笔芯给我，找不到了，偏偏说是我弄丢了。其实我没有，但他不听我解释。"

说完他眼睛红了。

我："你很委屈吧？"我说出了他的感受。

他点点头。

我："好的，我陪你一会儿。"

就这样，我安静地透过手机屏幕看着他十几分钟，他平静下来后说舒服多了，要睡觉了。

与孩子平时聊天，可以聊感受，既可以调整情绪，也可以让孩子更了解自己，父母更了解孩子，改善与孩子的关系。

3.4　解码四："避免用"应该"来控制情绪

无论我们是一个人待着还是在家庭里待着，会有一个词高频次的出现，这个词就是"应该"，这个词是引发孩子和我们情绪的关键词。大家不妨拿出纸和笔来，尝试用"你应该"三个字开头，写一些句子。比如：你应该好好学习，你应该节约，你应该先听我把话说完，等等。你会发现这些句子是我们嘴边常讲的。

我在一个学校给五年级的学生讲情绪课的时候，我问："如果用'应该'来造句，你们会想到什么？"有孩子说："这道题错得很不应该啊！""老师讲了你应该会啊！""这么大了应该懂事啊！"

《生命的重建》作者露易丝·海女士说："我认为'应该'是我们语言当中最有害的词，当我们用'应该'两个字的时候，实际上就是说我们错了，我们过去错了，现在我错了，将来还会错。"

是的，我们再来听听我们常常用"应该"来要求孩子情绪的句子吧。

你应该控制好情绪。

你应该高兴点。

你不应该这么生气。

你不应该有情绪。

你不应该紧张的。

你不应该害怕的。

…………

如果用"应该"就可以解决情绪问题，那世界就太简单了。可是孩子不是机器，父母也不是机器。在一次讲座中，一位家长小兰说她儿子写作业拖拉，问我怎么办。

我问："你训孩子了吗？"

小兰说："我训了。"

还没等我说话，她立即说："哦，我不应该训的。"

我问："你做得到吗？"

小兰倒是很直率地说："做不到！"

当我们一边要求自己"应该"做到，而事实上又做不到的时候，情绪问题就会更加明显，孩子其实也是一样的。

从某种意义上讲，"应该"的意思就是我错了，我过去错了，现在错了，我一直是错的。这无疑也是一种自责。人是很神奇的，当我们自责的时候反而很难去改掉旧有的模式。为什么？假设有一个人天天指责你，你会喜欢他吗？显然不喜欢，那我们怎么又会心甘情愿地去改变呢？

所以，我们要将"应该"这两个字在与孩子的沟通词汇表中替换掉，比如可以用"我想做""我可以做""我希望做"等。

比如，"小兰之前说我不应该训孩子的"可以改为"我不希望训孩子的"，"我应该做到的"改为"我想做到"或者"我希望做到"。

小兰说她的儿子很会说话，经常会跟她说："妈妈，我不应该只考这点分数。"她说孩子每次态度都很好，自己都不好意思训他，只好问："既然你知道不应该，为什么还考成这样呢？"很多时候，我们在那一瞬间只停留在了分数上，而未去做详细的分析。

根据上面的对话，我们可以看出显然孩子是做不到的，或者内心是没有动力做到的，要是能做到早就做了。这个时候，我们需要做的是肯定孩子的尽力，而不是指责或者让孩子自责。

下面，请试着将我们心中的"应该"替换掉吧，通过练习相信会有很大的改善。

练习 10："应该"转化练习。

应该	你可以（我希望）
你应该控制好情绪	你可以控制好情绪，我希望你控制好情绪
你应该高兴点	
你不应该这么生气	
你不应该有情绪	
你不应该紧张的	
你不应该害怕的	

3.5 解码五：找到情绪源，做情绪的主人

病毒要找源头，情绪也要找源头。

女孩子小 Y 是我辅导的学生，她高三了，压力很大，她的问题是非常容易着急，一着急就情绪失控。在我与她的谈话过程中，我找到了源头：她的妈妈是一个很爱着急的人。

她说："小时候，妈妈只要看到我做作业很慢，她就会催我快点。我现在做事就很快，不允许自己慢，同时也不允许别人慢，如果我比我妈还要快，我就会嫌弃她。"

我问她："你老是这么快，不会觉得累吗？没想过停下来看看是什么在干扰你吗？"

她说："我停不下来，停下来就会慌，会焦虑。我也明白人的能力有限，我的要求可能太高，可是情绪的魔咒就在那里，我就是会很着急。"

这个高三的女生条理非常清晰，她知道自己被情绪控制了。没有办法做情绪的主人其实是一件十分困惑的事情，越是如此越觉得被控制，没有自由。

在前面，我曾说过，看到情绪是解决情绪的基础。

小时候，父母是我们的"法官"，会判定我们做事的对错和好坏。即便后来我们长大，有了自己的想法，经历了叛逆期，可还是有很多模式是从小父母影响我们的，甚至会十分相似。比如，我曾经很不喜欢妈妈的急躁，我以为我对自己的孩子不会这样。可是很遗憾，当我有了孩子的时候，

我惊讶地发现我跟妈妈一样会急躁。也正是因为这个原因，让我走上了自我情绪关爱之路。

如果说小时候父母是我们的"法官"，那么长大之后自己就变成了自己的"法官"，再慢慢又变成自己孩子的法官。当我们自己与自己斗争，判定自己有错的时候，情绪是非常纠结的，也是十分痛苦的。

小 Y 曾被诊断为抑郁症，她的妈妈很苦恼，很后悔过去因为孩子做事拖拉磨蹭而惩罚孩子。我告诉她："过去的事情已经无法改变，但是我们可以通过对过去的了解，知道情绪产生的更深层次的原因，从而帮孩子解决情绪带来的困扰。"

当一个人把"赶紧把事情做完"看得比"让我看看自己情绪怎么了"更重要，就不可能停下来处理情绪，而会一直积压，直到刹不住车，出现更大的问题。

其实在孩子很小的时候，就已经在用语言或者行为表达自己的情绪，可是大人常常不允许或者没有看到。比如，有的孩子表达了自己的感受："妈妈，我担心自己做不好。"而收到的大人的反馈却是："不用担心。"长此以往，孩子就养成一种意识："说了没有意义""没有人会听我说"。

感受在我们内心里是非常真实的，如果不被允许表达，日积月累，内心就会压抑，压抑久了就会出现问题。

解决方法：

（1）我们帮孩子把一些记忆深刻的事情中的感受回忆一下，让孩子说出来。

（2）如果孩子已经不习惯说或实在是没有办法说出感受也没有关系，我们可以让孩子把手放在自己的胸口，让他感觉一下自己的心跳是怎样的，是加速的，还是很平静、很慢。

（3）也可以让孩子把手放在自己的脸庞上，感觉一下自己的脸是发热的还是很正常，跟平时一样。

（4）如果孩子说出自己的感受了，问孩子内心有没有觉得松了一口气，因为平时有太多不敢表现的情绪。

（5）作为大人，我们要体会孩子的内心，要让孩子知道父母跟他是一体的。比如，我们可以告诉孩子：当你不敢跟老师说的时候，也许你很尊重老师；当你不敢跟我们说的时候，也许你很爱我们，只是害怕我们伤心，怕我们难过。

这么跟孩子表达，不但梳理了孩子的情绪，同时还帮助孩子看到不是"非黑即白"，让他更辩证更客观地看这个世界。不敢表达的背后的确有很多善良的意图，同时也要告诉孩子，我们至少对自己是要诚实，不能对自己撒谎。

3.6　解码六：情绪是个邮差

世界上的任何事物都有其存在的理由。情绪的存在也一样，就像一个邮差告诉你现在身体出现了什么状况，有什么事情需要你去关心或者改变了。

比如你今天头很疼，疼就是一个信号，因为它实在是太疼了，你肯定不会放下这个疼的信号，一定会去找原因。如果头疼的是孩子，家长一定不会让孩子简单吃片止疼药。

日常生活中，当我们闻到了一种浓重的烟味，大概率会想到是不是有东西燃烧了。紧接着，我们会捂住鼻子快速离开这个地方。因为这个难闻的味道在提醒我们这个地方也许是危险的。

我们在用餐时，用舌头尝了一下美食。酸甜苦辣决定我们要不要吃，我们的身体同样如此，天热会提醒我们减衣，天冷会提醒我们添衣。

1. 情绪需要被看见

情绪也是一样的。孩子的情绪更需要被看见，被听见。

[案例 1]

有一天，有个小朋友跟我说："我今天在跟小伙伴玩的时候很害怕。"我说："为什么会害怕呢？"他说："我跟一群大孩子出去玩，那些大孩子从一个很高的地方往下面跳，他们也让我像他们一样从那个地方跳下来。我站在那个地方，特别害怕，两腿发抖。"

我问他："这个害怕在告诉你什么呢？"他说："害怕是在提醒我那里很危险。害怕在'保护'我。"确实，他只有 7 岁，才上一年级，在那么高的地方跳下来确实会很危险。

有些家长会在孩子很小的时候告诉孩子："你是男子汉，男子汉是不会害怕的。"但事实是任何人都会有害怕的时候，重要的是要教会孩子如何处理好害怕的情绪。家长要陪孩子一起读懂情绪。

[案例 2]

前两天，有个小女孩告诉我，只要看到妈妈带着弟弟出门或者对弟弟轻声细语地说话，她就会很生气。我问她"生气"在告诉你什么呢？她一开始说不出来，她说："我就是很生气。"说着说着就哭了，她说："我特别害怕妈妈不要我了。我只要看到妈妈对弟弟好，就会觉得我好像是不重要的人。"

那我就问她："你的生气是在提醒你自己需要妈妈的关心，需要妈妈的爱，需要妈妈重视你？"她点点头。非常神奇的是，当她说出这个原因之后，她的情绪变得没有那么紧张了。

每一次情绪的到来，就相当于一个邮差在给我们送信，如果我们收不到这封信或者我们不理会这封信的话，那个邮差就会不断地来给我们送信。

这个小女孩的"生气"，就像是一个邮差，一直在给她送信，信的内容是"我想要妈妈的爱，我想要妈妈重视。我想告诉妈妈，我也很爱你，我也希望你能够重视我"。

但她每次除了发脾气和生气，根本不去看这个邮差送给她的信，所以她就无休止地发脾气。每次只要妈妈带着弟弟出门，或者对弟弟特别好，她就特别特别生气。

有一天，当她收到收这封信，并打开看时，知道了信的内容，情绪就没有了。邮差完成了自己的任务，小女孩有了想要跟妈妈沟通的想法，并知道了真相：原来妈妈同时爱着她和她的弟弟。

如果父母可以正确理解自己情绪背后的信息，就会读懂孩子。或许这个小女孩不需要自己表达，她的妈妈就可以捕捉到孩子的情绪，去跟孩子核对内心的想法，同时也可以教会并鼓励孩子表达出情绪背后的信息。

所以，当我们发现孩子的情绪不对时，可以试着这样去说："宝贝，是发生什么事了吗？可以跟妈妈说一下，不跟妈妈说，也许妈妈是不知道的，因为妈妈不是你肚子里的蛔虫。你发脾气，妈妈也不知道你为什么发脾气。"

如果我们每个人都能读懂情绪这个邮差送过来的信，那么孩子也可以读懂父母的情绪给他们送过来的信。我有个小学员，他跟我说："有一次我看到妈妈一直在哭，一开始我不知道妈妈为什么哭，后来我发现但凡妈妈累的时候，她就会哭，而且还会比较激动。但是妈妈自己从来都不说自己累，我是不是可以提醒她："妈妈你是不是很累很烦，需要休息一下吗？"

我很赞赏他，说道："如果妈妈看不懂情绪送过来的信，你可以读给她听并且解释给她听。因为每一种情绪的背后都有一个信息，它一定在告诉你一些事情，如果你一直不接收这封信，那个情绪，就一直会围绕着你。"

2. 学会与情绪相处

我们越是抗拒的情绪，那个情绪就越不会离开我们，所以我们不如坐下来好好地跟它聊聊天。

[案例 3]

这里再举一个我家孩子生气的例子。

有天晚上睡觉前，孩子和他爸爸因为看电视时间是否超时发生一些不愉快。孩子非常生气地说："我没有超时！我没有超时！"他爸爸也很生气，直接就把电视关了。

孩子说："我心中有很多'怒怒'，无法将他们赶走！我要睡觉，我想平静，可是总是平静不下来！"

我说："如果你去小朋友家玩，小朋友却不让你进去，你会怎么样？"

孩子说："我会生气，可能会想去搞破坏，去踢他们家的门。"

我又继续说："哦，那如果'怒怒'想进你的身体，你不让他进来会怎么样？"

孩子突然明白了："怪不得我要爆炸了！"

我问孩子："你去朋友家是想去玩，那么'怒怒'来是想干吗呢？你问问它。"

过了一会儿孩子说："'怒怒'告诉我，我被冤枉了，我并没有超时，是爸爸说错了。"

我说："那你想怎么做呢？"

孩子说："我要去跟爸爸说一下，还要问一下爸爸的'怒怒'在跟他说什么。"

于是孩子就去跟我爱人很正式地去说了。"爸爸，我没有超时，您说我超时我很生气。不是因为不能看电视生气，而是因为说我没有遵守时间而生气了。"

我爱人这个时候情绪早已经平静，说："好的，爸爸知道了，我跟你道歉。"

孩子又问："您刚才生气又是因为什么呢？"

我爱人愣了一下，因为在他看来就是孩子做错了还发脾气让他很生气。他就说："你不听话，爸爸就生气了啊！"

孩子又说："您可以像妈妈一样好好跟我说的，可是您还是选择生气了，那就说明不是我让您生气的，是您自己选择生气的。如果真的是我让您生气的，那么妈妈也应该生气才对啊！"

我爱人一下子就服气了，说："你说的对！"

孩子又追问："您的'怒怒'在跟您说什么？"

我爱人想了一下说："我说话的时候你跟我辩解，还很大声，我感觉你不尊重我，所以我生气了！"

孩子说："那我明白了！我跟您道歉，以后说话尽量小声一些。那您生气是提醒我需要尊重您，对吧？"

紧接着又说："爸爸，您连自己的感受都不尊重，怎么跟其他人谈尊重啊！"

我爱人看看我，又看看他说："是的！爸爸以后要多尊重自己，这样就不需要问你一个孩子要尊重了！"

如果我们可以找到情绪邮差来的意图，就可以平静地与情绪相处，孩子也可以平静地与情绪相处。同样的一个事件，我们可以有不一样的观点，也会有不一样的感受。这里的感受也可以理解为"同理"。"感受"是一种"客观"存在，是一种尊重的体验。如果连属于自己的感受和情绪都不去看，不去关心它在诉说什么，能不委屈，不气愤吗？很多时候，孩子会吼，而那股"吼"是自己为自己发声。

孩子在处理情绪时，像一张白纸，自己并不会处理，一定会跟大人学习。如果大人是抱怨的，孩子一定也是抱怨的；如果大人是讲道理的，孩子可能也会学习用道理说服自己；如果大人是压抑的，孩子或许也会受影响变得压抑。所以，我们家长很不容易，不仅要养大孩子，还得学会认识自己，包括自己处理情绪的方式，与他人沟通的方式。我们已经不是一张白纸，几十年来的沟通模式早已成习惯，要改变的确不容易。所以，感谢孩子让我们有机会重新认识自己，让我们更加幸福。

3. 区分孩子的情绪

人类基本的情绪是喜怒哀恐。喜，就是开心；怒，就是愤怒；哀，就是悲伤；恐，就是恐惧。

（1）开心要引导的重点

① 选择对自己身心都有益的事情，有些事情虽然可以让你开心，但是对身体没有好处，比如通宵打游戏；

② 不伤害他人获得的快乐；

③ 鼓励跟自己的过去做比较，不鼓励与他人做比较。

[案例 4]

父母：开心告诉你什么？

孩子：告诉我成功了，自己是优秀的，也是最棒的。

父母引导：你跟谁比是优秀的、最棒的？

孩子回答：我跟某某某比，因为我的成绩超过他了。

父母引导：我很高兴你成功了，不过妈妈高兴的点跟你不太一样，你跟别人比永远是山外有山，我认为你突破了你自己，超越了过去的自己是值得高兴的。

（2）愤怒引导的重点

通常期待落空特别容易引起人的愤怒。期待落空的点主要有两个：

① 希望被认可却没有被认可（被否认、被嘲笑）；

② 希望被重视却没有被重视（被忽视、不被尊重）。

[案例 5] 较为轻的愤怒情绪

父母：看起来你很生气，你怎么了？

孩子：某某今天给我起绰号！（被否认）

父母：那真的太令人气愤了！（同理他，千万不要说教）

孩子：（很可能说详细的经过）

父母：你希望我怎么帮到你？

[案例 6] 较为严重的愤怒情绪

父母：（先让孩子平静下来）

父母：看起来你很生气，你怎么了？

孩子：我们的体育课又被数学老师占用了！（被忽视）

父母：那真的有些过分了！（同理孩子，不要说教，更不要为数学老师说话）

孩子：（很可能说详细的经过）

父母：你希望我怎么帮到你？

（3）悲伤引导的重点

把悲伤说出来，最好哭出来。

[案例 7]

父母：（与愤怒相反，不是先让孩子平静下来，而是先让孩子哭出来）

父母：（如果孩子习惯身体接触，可以先拥抱）你怎么了？

孩子：某某不理我了。

父母：那真的太糟糕了！（同理孩子）你希望我怎么帮到你？

（4）恐惧引导的重点

让孩子知道并且相信父母一直在他身边，随时可以支持他。

[案例 8]

父母：你怎么了？很害怕是吗？

孩子：我害怕死亡，也怕你们离我而去。

父母：我小时候也很害怕（下面有 3 种情况）

（A. 如果现在还害怕）到现在还很害怕，可是我依然很快乐地生活，你想知道我怎么带着害怕生活的吗？

（B. 如果现在不害怕）不过现在不害怕了，你想知道我是怎么变得不害怕的吗？

（C. 分不清楚自己什么感受）妈妈现在也很困惑，不知道怎么办，但是我一直在你身边爱着你，然后我们一起来想办法。

练习 11：下面请家长通过事件来练习区分孩子的情绪。

通过一个事件，区分孩子的情绪并引导他。

3.7　解码七：不是对人有情绪，是对人的角色有情绪

1. 不表达不代表没有情绪

孩子对我们产生情绪的时候，我们经常会说：你怎么可以对爸爸妈妈发脾气呢？

我们小的时候，当对父母有意见时，可能并不太敢像现在的孩子一样对父母有情绪。

我有一个好朋友，从小虽然被妈妈管得比较严，但他不觉得自己会有情绪，可是他结婚后却对妻子有很多情绪。就拿吃饭这件事来说，他母亲催他吃饭，他不会说什么，但妻子催他吃饭他会表现得很不耐烦。当妻子对他有意见时，他开始自责，每次又控制不住自己的情绪，这样反反复复，不见改善。直到有一天他发现自己对母亲有这个情绪的时候，才开始意识到自己需要去看小时候压抑了多少情绪，去探索情绪的根源。

有位作家曾说，"我把心理健康定义为不惜任何代价、不间断地致力于面对真实。"其实，我们就是通过情绪在不断地寻找情绪的根源。

2. 情绪与角色有很大关系

如果把"角色"等同于一个"人"的全部，那么我们的期待就很容易落空。落空就会带来的失望、委屈甚至愤怒的情绪。曾经有个中学生告诉我他父母离婚了，他无法原谅他们。他认为作为"父母"，怎么可以离婚呢？显然，他对父母这个角色是有期待的。我让他做了一个冥想练习，请他闭上眼睛，

我引导他看到一个小男孩和一个小女孩长大的过程，后来成年了结婚了，但是有很多矛盾，他们天天争吵，过得很不开心。此时我问他，如果是你，你会给什么建议呢？他说那就分开吧，分开了至少可以调整一下心情。我继续问："如果他们是你的父母，你觉得也可以吗？"他说可以。为什么此刻他发生了改变呢？因为他看到的不再是"父母"这个角色，而是看到了两个人、两个生命。当放下角色去看人时，情绪就不再被绑架了。因为他这个时候分清楚了自己其实是对"爸爸妈妈"有期待，不是对这两个人（生命）有期待或者要求。我说："对你来说他们真的不是好父母，因为他们没有办法满足孩子的期待，可是他们也有作为'人'的选择自由。"

人因为有了角色，就有了对角色的期待，有了角色的期待就会有满足和不满足，当没有被满足的时候，我们就会有情绪。

✏️ **练习 12**：孩子的负面情绪往往跟失望有关，也就是说他有一些对角色的期待没有被满足。这个期待也许是现在的，也许是过去的。针对这个我们可以做一个练习。

女儿：我小时候期待妈妈给我买一个电子琴，可是妈妈并没有买，我很失望。班级里五十个同学，只有我和另外一个同学没有。我觉得羞愧、丢人。

妈妈：我听了之后很吃惊，也很难过，我当时不知道你还有羞愧和丢人的感觉。妈妈当时工资不高，其实我是很想你跟其他小朋友一样的，但是妈妈做不到，妈妈其实是很难过的。

孩子：我小时候期待爸爸（妈妈）＿＿＿＿＿＿＿，可是爸爸（妈妈）

没有做到，我很＿＿（情绪），＿＿＿＿＿＿（原因）。

　　父母：我听到了之后感到＿＿＿＿＿＿（情绪），我可以理解你的情绪了。

妈妈（爸爸）当时的情绪是＿＿＿，＿＿＿＿＿＿（原因）。

　　长大不是生理意义的长大，而是心理意义的长大。

　　面对孩子，我们是成年人还是比他更小的婴儿呢？

　　我认识一个十二岁的男孩，他说："我们家我十二岁，妈妈三岁，爸爸十八岁。"

　　作为孩子，他对父母这个角色是有期待的，他总觉得没有安全感。

　　我们来看看我们的父母，他们仅仅是我们的父母吗？有没有想过，他在爷爷奶奶、外公外婆面前跟我们一样，也是孩子呢？他们既是爷爷奶奶的儿子，也是外公外婆的女儿。

　　我们每个人都有很多角色，爸爸妈妈对我们来说是一个角色。他们除了有爸爸妈妈的角色，还有儿子、女儿的角色，那么我们的孩子呢？除了儿子或者女儿的角色，还有什么角色呢？

老师面对学生，角色是老师。如果一位女老师，在面对自己的孩子时，她的角色是妈妈；面对父母，她的角色就是女儿；面对其他的老师，她的角色是同事。

生活中我们有很多角色，就像我们戴了很多帽子。比如一个爸爸，他有很多角色：丈夫、父亲、儿子、女婿、家长、同事。

作为父母，我们是希望孩子把角色做好呢，还是先让孩子保持健康的状态呢？

作为孩子，他们希望自己的父母是怎样的呢？同时，孩子希望自己成为一个什么样的孩子呢？

父母对孩子最大的期待，就是希望他们健康快乐。但是孩子们未必相信，因为他们体验到的是父母希望他们学习要好、要乖。

作为家长，我们需要帮孩子区分人和角色。因为有的时候情绪来自误会，有一些批评或者是指责，也许只是来自对我们角色的批评和指责。

角色是矛盾的，比如老师希望学生学习好，因为角色是老师，当老师不再是老师，他就未必有这样的期待了。

练习 13：区分角色与人。根据示例，与孩子一起讨论下面每个人各有多少角色，并将其填入表格中。

例如，妈妈的名字叫王珍，除了是你的妈妈外，还有的角色如下表：

王珍	女儿	妻子
妈妈	姐姐	员工
同事	儿媳妇	家长

我的角色：

姓名		

爸爸的角色：

姓名		

爷爷的角色：

姓名		

奶奶的角色：

姓名		

外公的角色：

姓名		

外婆的角色：

姓名		

青少年情绪管理：
21 天情绪管理训练营

第 4 章

情绪思维模式

4.1 情绪面具背后的秘密

我会问一些来到我工作室的孩子们："当我们有情绪的时候，比如生气、愤怒、烦躁，你会觉得自己是情绪的主人，还是它已经把我们给控制了呢？"

很多孩子说："不仅我被它控制了，妈妈好像也被它控制了，爸爸也会被它控制了。每次情绪来的时候，我们全家人都不太开心。"

当我再问这些孩子："你知道来找我是因为什么吗？"

有些孩子一开始是不愿意回答这个问题的，因为在他们看来，他们犯错了才会来。有些年龄稍大的孩子一开始根本就不想跟我交流，经过引导和沟通之后，他们的回答是："面对情绪，我控制不住，开始砸东西，跟爸妈也对着干……"他们也会承认自己一边说脏话，一边指责父母。

我会很欣赏地对他们说："你们好真实啊！我喜欢你们这么直接的表达！"对于我的评价，他们表现出很惊讶的表情，因为他们已经习惯了大人对于他们情绪发泄给予的负面评价。

我对他们说，没有一个人愿意伤害别人，除非这个人的情绪已经被压抑了很久。

情绪好像一个个面具，它戴在我们脸上，当我们愤怒的时候别人以为是愤怒，其实不知道面具后面还有委屈或者其他情绪。

如果一个母亲愤怒，很可能是因为孩子没有按照她说的去做，那么她除了愤怒还有焦虑、难过，也可能还有担心和失望。感受是灵魂的语言，平时我们听不到、看不到也摸不到。然而，它们却静静地待在这个愤怒面具的背后。作为家长，首先要自己认识到这一点，再带领孩子去认识自己的愤怒，经常练习、好好体验，看看这个面具背后还有什么。

　　这个面具背后除了有其他情绪或者感受，还有对人和事的看法和想法。

　　面具有的时候是可以帮助到我们的，可以快速解决一些表面的问题。比如：父母一旦生气，有些孩子就不敢任性，就会乖乖按照父母说的去做。久而久之，父母就以为用这个面具永远可以解决问题，但是它解决不了我们根本的问题。那我们需不需要这个面具呢？我的回答是需要的。

　　当有外人欺负我们的时候，我们可能会害怕，需要用愤怒的面具来保护自己。但是在亲密的关系里，我们需要把面具摘下来，与对方沟通面具后真正的意图。

　　当孩子摔门把自己关在屋里，并在门上贴上一张"闲人勿进"的字条时，作为家长可能是气愤和烦躁。这个时候如果问问自己：我为什么会气愤，是孩子的行为触发了我的情绪爆发，还是我看孩子不顺眼，是孩子在学校发生了什么事情，还是因为其他事情。

　　只有先去了解情绪面具背后的秘密是什么，才可以帮助孩子。自己没有去过的地方是没有办法带别人去的，做孩子的情绪向导是很值得做的一件事情。

　　练习 14：根据示例，探讨情绪背后的秘密。

　　[示例]

　　我看到你很开心，你演讲之后很多人在夸你，我猜你觉得得到了肯定，你觉得努力没有白费。

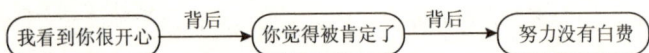

我看到你很开心 →（背后）→ 你觉得被肯定了 →（背后）→ 努力没有白费

　　我看到你愤怒了，我猜你是被冤枉了，还是被最好的朋友冤枉。在你看来，你希望最好的朋友可以支持你，可是他不但没支持，还冤枉你，你不但愤怒，还很失望，很无助，对不对？

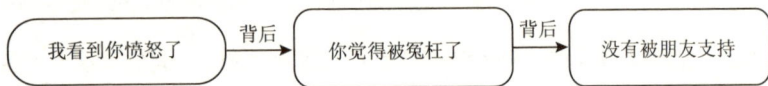

我看到你愤怒了 →（背后）→ 你觉得被冤枉了 →（背后）→ 没有被朋友支持

没有被朋友支持 →（背后）→ 愤怒 →（背后）→ 失望 →（背后）→ 无助

　　请试着填写一个情绪背后的秘密：

　　我看到你很兴奋，这个后面还有什么呢？你有什么想法、观点、感受？

我看到你很兴奋 →（背后）→ （　　　） →（背后）→ （　　　）

　　我看到你很焦虑，这个后面还有什么呢？你有什么想法？观点？感受？

我看到你很焦虑 →（背后）→ （　　　） →（背后）→ （　　　）

　　做完练习 14 之后，我们才能真正解决问题。因为大多数父母和孩子，在出现情绪问题的时候直接想解决情绪，也就是对情绪不去问"怎么了"直接想"怎么办"。这就容易出现父母与孩子表达上的误区。

4.2　了解情绪的表达

1. 表达情绪的怪圈：跳过"怎么了"直接想"怎么办"

在一个家庭中，如果家庭成员间反复有矛盾、反复有情绪，但是却无法解决，那真的是一个让人很头疼的问题。

[案例]

小 W 自从上了初中后学习就提不起精神，每天起床困难，一到周末就打游戏。最近与父母又有了一次很大的冲突。

"怎么办呢？"小 W 妈妈问我。

我们常常会问"怎么办"，意思是需要一个方法来解决问题。可是我们都还没了解问题的真相，不知道孩子"怎么了"就要去想"怎么办"，这样无法真正找到方法的。就好比我们要管理一个团队，如果连团队成员都不了解，根本无法管理好这个团队。要解决孩子的情绪问题就要有顺序，先问怎么了，再问怎么办。

即知道"情绪是如何发生的"要比"情绪来了怎么办"重要得多。

小 W 母亲告诉我："发生冲突后，我问他为什么有这么大意见，他也不理我。老师让我们回家好好沟通，可是我问了，他不回答我，我们无法沟通。"

我说："换了我，我也不知道怎么回答。"

他母亲很困惑地看着我，不明白我的意思。

我问道："您发过脾气吗？"

她回答："发过。"

我问："您想发脾气吗？"

她回答："当然不想啊！"

我又问："既然不想发，为什么还发？"

她回答："我也不知道啊！"

我说："是的，孩子跟您一样，他也不知道为什么会发脾气。"

小 W 母亲不是很服气，又说："有人惹我，我才会发脾气。"

我又问："有人惹了您，你都会发脾气吗？"

她回答："不是。"

我又问："那您为什么发脾气呢？"

我说："我不是跟您抬杠，我只想告诉您，很多事情孩子也跟您一样不知道为什么。"

在前面的内容里，我曾经提到，孩子其实比我们想象的还需要父母，他们有情绪的时候恰恰是他们最困惑的时候。这个时候他们可能更需要父母来告诉他们原因，而父母的不断追问只会适得其反，让他们更加烦躁、困惑。有些孩子会随便说一个理由，听起来也许合理，比如小 W 跟他妈妈的对话。

妈妈："你不告诉我为什么这么生气，我就不给你零花钱。"

小 W："这和零花钱有什么关系？"

父母常常会在没有办法的时候拿出绝招，为的是让孩子开口。可是孩子无法理解，因为两者之间根本没有逻辑关系。

小 W："因为你们不让我玩手机，我情绪就来了。"

妈妈："我们不让你玩手机也是为了你的学习，你一直不能集中注意力。"

这样的对话其实没有任何意义。孩子最终能给的只是一个非核心的答案，而父母又开始了说教。当父母说教的时候孩子又开始新一轮的情绪，一个家庭就这样进入了负向情绪循环。

家庭任何问题的出现都是对爱的呼唤。我十分同意作家尼尔·唐纳德·沃尔什说的：

"所有人类的行为在其最深的层面都是由两种情绪——恐惧或爱之一所推动的。实际上也只有这两种情绪，在灵魂的语言中只有这两种字眼。人类的每个念头，即人类的每个行为都是建立在爱或恐惧上的。并没有其他的人类动机，而所有其他的概念都只不过是这两样的衍生物。它们只不过是不同的版本——同样主题的不同问题表现。"

那么，不可否认家庭任何问题的出现，核心主题肯定是"爱"。

很多人说亲子沟通很伤脑筋，我同意！因为它其实也是一个技术活。沟通需要方法，需要训练。

2. 不要问"为什么"，而要问"是什么"

先问孩子"是什么"引发了情绪，而不是"为什么"引发了情绪。

下面，来看这两句话：

第一句：是什么让你买了《21 天情绪管理》这本书？

第二句：你为什么买《21 天情绪管理》这本书？

如果没有感觉到区别，可以请一个人对着你读一遍。或者请他跟你说下面这两句话：

第一句：是什么让你穿了这件衣服？

第二句：你为什么穿这件衣服？

两句话的区别在于：第一句的重点是我关心你这个"人"，比起这件事我更"好奇你"。

对于孩子来说，他更需要自己被看见、被关心，而不是发生的事情。

练习15：将生活中常说的"为什么"改成"是什么"，如下表。

为什么	是什么
你为什么考了五十分	是什么让你考了五十分
你为什么穿那么少	是什么让你穿这么少
你的衣服为什么老是那么脏	是什么让你的衣服总是脏的
你为什么那么紧张	
你为什么会难过	
你为什么不跟我说话	
你为什么不想上学了	

3. 具体交流方法

（1）询问孩子是否愿意谈话

当孩子不想谈的时候，父母如果强迫交流只会激发孩子的情绪。既然想解决问题，就需要双方都有意愿。我们在工作当中，如果有事情要谈，也是要基于双方都想谈的情况下才能谈出结果。

（2）一起好奇情绪的来由

其实孩子本人也不知道情绪的由来。就像我们在没有学习之前，也总认为我们的情绪来自他人的行为，因此有必要跟孩子一起探索。

我儿子经常对他爸爸的"唠叨"有情绪。比如洗澡前爸爸总要提醒他不要忘了拿衣服，儿子每次被提醒都会有情绪。我就帮助他一起探索情绪的由来。

我问："当听到爸爸提醒你时你的感觉是什么呀？"

他说："烦躁。"

我说："那什么让你烦躁呢？"

他说："爸爸一直说说说，难道不烦吗？"

我说："如果爸爸改不掉，你就一直烦吗？"

他说："所以我要发脾气啊！"

我问："你发了脾气爸爸就不说了？"（事实上发了脾气之后爸爸也生气了，两个人的矛盾就升级了。）

他说："那怎么办？"

我说："爸爸提醒我时我怎么不烦躁，你为什么会烦躁？"

他说："我感觉他不相信我。"

我说："哦，原来是你觉得不被信任才觉得烦躁的啊！那么是爸爸真的不相信你，还是你认为爸爸不相信你？"

他说："是我认为的。"

他又说："我好像也可以不烦躁的啊！我选择了我认为的，所以我选择了烦躁。"

后来，爸爸在提醒他拿衣服时他就没有那么大情绪了。

（3）讨论是否需要第三方的帮助

通常孩子在家庭中出现情绪都是日积月累的结果，这样的结果不是一天两天造成的。再运用旧有的方法显然只会有旧有的结果，这个时候可以考虑第三方的介入。这个第三方不一定是一个人，也可以是一本书、一个课程，用更广阔的视角来看待这个问题。

通过上面的方法，孩子可以看到父母跟以往的"不同"，看到了"积极"，也体验到了父母在关心他这个人，而不仅仅是让他的情绪赶紧消失。会让孩子感到这是一个会"解决问题的家庭"。

*每个家庭都有问题，我们并不能解决家庭里所有的问题，而是要让家庭成员有更多解决问题的能力，从而可以积极面对自己家庭的问题。*这对孩子的成长来说更有帮助，也更健康、积极、有效。

4.3　父母需要先做好情绪管理

1. 学会求助他人管理情绪

下面是一位妈妈与孩子之间非常棒的对话。

[案例]

妈妈：你很烦躁是吗？

孩子：嗯！

妈妈：你一个人先静一静，妈妈也静一静。或者咱们谈一谈？

孩子：嗯！

妈妈：嗯的意思是谈一谈还是静静？

孩子：我不知道。

妈妈：我猜你对自己的情绪也很困惑，对吗？

孩子：嗯！

妈妈：我也是。因为我从来都不知道情绪怎么就突然跑出来了。小时候，我有情绪，你外公就会让我停止。哭的时候会说不要哭，发脾气的时候会骂我不懂事。你是不是觉得我对你也这样？

孩子：嗯！

妈妈：既然我们都比较困惑，那我们得找个懂情绪的人帮帮我们。

孩子始终说"嗯"，可是他的内心是在变化的。作为妈妈需要相信自己做得已经很好了，如果不相信就会失去耐心。

第一次做父母，有时在面对孩子的问题时，我们是无力的。我们要学会求助，在孩子面前坦诚自己的脆弱反而会让孩子觉得有力量，能够看到希望。因为他们会发现人不是无敌的，就会更全面、更客观地看待自己并接受自己的脆弱。

2. 孩子发怒是考验家长成熟度

很多来找我的家长描述孩子有一个共同特点，他们的孩子都有叛逆现象。而叛逆期并不是我们常说的青春期，有些家长甚至觉得自己家的孩子没有不叛逆的时候。其实孩子在每个年龄都有属于此年龄阶段的特色。

比如孩子的三个叛逆期：

（1）2岁左右：第一个叛逆期，孩子有了初步自我意识。

（2）6岁：第二个叛逆期，独立意识飞速发展，极端以自我为中心。

（3）10~18岁：第三个叛逆期，发生在青春期前中后期。

虽然孩子每隔一段时间就会出现一些现象，但是家长请不要绝对地对号入座，这叫"甜蜜的烦恼"。因为每个家庭的教育不同、氛围不同，孩子的成长步调也会有所不同。很多父母在面对孩子的情绪时，处理方式往往并不成熟。比如：面对年龄比较小的孩子，父母会采用"凶一点"地讲道理或用一些"糖衣炮弹"，让孩子"乖"一点。其实这些方法并没有解决根本问题，孩子的情绪反而会一直积累，直至青春期全面爆发。

当孩子摔门而出时，父母们有没有想过曾经在孩子小的时候对他们说过："你再不听话我就不要你了，我就不喜欢你了。"此刻，面对一个既不是大人又不是孩子的"人"来说，他们正经历生理和心理的两种成长当中的"生长痛"，即便父母说出再狠的话，对他们来说也是无效的。而此刻想要好好沟通、好好说话已经不是短时间内可以实现的事情了。

3. 不同的年龄段，家长需要有不同的做法

（1）2岁左右

记得我家儿子在这个年龄，让我印象最深刻的就是，每次乘坐电梯必须都得由他来按按钮，如果别人按了他就大哭，非得让他重新按一次才肯罢休，他爸爸说他太霸道，后来我发现整个小区这么大的孩子在不同的事情上都会表现出不同的"霸道"。孩子在这个年龄已经开始想要

表达自己的想法，但是"非黑即白"，不会变通，经常说不要这个不要那个，有些固执和死板。因此，父母需要做到：

① 理解。这是孩子的必经之路，不是故意跟大人作对，孩子是在探索这个世界，他在学习。

② 耐心。正是因为孩子在探索，所以要提醒自己给孩子长大的时间。他还不是"懂事"的大孩子，需要大人要更加有耐心。

③ 给孩子多一些选择。不要只给孩子一个选择。如果只有一个，那不叫选择，叫规定；如果是两个也不叫选择，因为不是 A 就是 B，容易让孩子左右为难；只有三个以上的才叫选择，帮助孩子打破"非黑即白"的二元对立，意味着告诉孩子还可以有更多选择。

④ 温柔而坚定地守住底线。理解、耐心、给多些选择不意味着做什么事都可以。在安全、健康和是否影响他人上，需要有规则和底线。

（2）6 岁

独立意识飞速发展，极端地以自我为中心，情绪具体表现在愤怒上，他们会顶嘴任性，与大人的冲突增加。父母需要做到：

① 不做简单的评判。比如，不问缘由、不核实就对孩子说"你这样做不对""你真是邋遢""你没得救了"的话。

② 相信他有自己的判断。父母可以给予建议和指导，但前提是需要让孩子感受到父母是在信任的基础上帮助他，而不是质疑他。比如，我们要常常用"关心"这个词而不是"担心"这个词。"关心"是帮助，是带着信任，而"担心"是透露着不放心、不信任。

（3）青春期。

父母要让孩子冷静成熟的放下"偏差行为"，前提是先确保家长自身是冷静成熟的。"孩子"是带不出好孩子的，只有真正心理上成熟的人才能慢慢带动不成熟的人走向成熟。

所以，我们要把自己训练成熟，再去训练孩子，让他们懂得尊重。

4.4　四个基本心理需求

1. 四个基本心理需求是我们生活的必需品

如果训练自己和孩子，就要从人类基本的心理需求开始。

著名精神病专家威廉·格拉瑟博士提出，所有人类行为的驱动力归结为以下几个基本心理需求：

- 爱与归属
- 权利
- 自由
- 乐趣

无论大人还是孩子，都有这四个需求，而且这些需求就像粮食一样是我们生活的必需品。

著名心理学家萨提亚女士认为：我们一需要填饱我们的胃，二需要疗愈我们的心理。

（1）爱与归属

"爱与归属"听起来很简单的四个字，其实不容易。

大多数父母都是爱孩子的，可是要让孩子体验到这份爱似乎不简单。每个人会寻找他的归属感，健康的情况下家庭成员和社会关系都会给我们带来不同的归属感。我们有家人和朋友，会有各种家庭聚会和社会活动。但是，当家庭和社会关系对孩子的归属感不够时，他就会在其他地方寻求依赖度，比如早恋、迷恋网络游戏等。

（2）权利

"权利"在孩子身上的体现未必是一定要驾驭父母，至少他不想被驾驭，他希望有权利来掌控自己的事情。小时候孩子如果是被管控的，那么他内心肯定会十分渴望这个"权利"。谁对谁错在生活中显得尤为重要，重要程度远远大于"关系"，这就是很多家庭在"爱"中结合，在"对错（权利斗争）"中分离的主要原因。在家庭中分离不仅仅体现在夫妻双方，还体现在孩子成年之后与父母的争吵。这种分离不是物理上的分离，而是内心的分离。

（3）自由

如果没有好好学习如何掌握"权利"，也就没有办法获得"自由"。因为即便是外在的自由，比如远离父母，内心受父母的影响也是依然还在的。我有一个朋友，他对女儿的管束十分严苛，不许她化妆、留长发、谈恋爱，女儿高考填志愿的时候填了一个非常远的大学。女儿在大学里留长发、化妆、抽烟、谈恋爱，只有父母想不到的，没有她做不到的。她原以为脱离了父母就自由了，然而她这些行为其实都是在受过去父母的影响，她依然是被控制的，这只是叛逆，不是自由。真正的自由是内心自由。他可以自己决定真正需要的，而不仅仅是做从前不能做的事情。

（4）乐趣

我小的时候以看武侠小说为乐趣，既不危险也不刺激，可是老师和父母就是极力反对，理由是会影响学习。然而，即便反对，依然没有放弃看武侠小说。现在看来，当时父母大可不必紧张，因为如果我不看这些小说也写不出这么多文字来。

由此看来，这四种需求我们阻止不了，也不建议阻止，除非为了满足自己而影响了别人的生活。

作为父母，我们该如何判断自己在面对孩子情绪的时候，自己是成熟的呢？

第一，孩子的情绪出来时，父母先不说对错，先看是属于情绪背后四种需求的哪一种。

第二，面对需求，自己年轻时是如何做的？

第三，在孩子冷静的时候，跟孩子聊聊过去的自己和现在的他。

我有个朋友小红告诉我，有一天她上六年级的儿子不起床，跟她说那天不想上学了。她做了以下的事情：

她跟儿子说："不想上学肯定有你的原因，我好奇你发生了什么呢？"（她没有用任何语言直接告诉孩子不上学是错的。即便是错了，此刻告诉孩子也是没有用的。）

儿子说："当你做了一件事情有人会欣赏你，说你做得好，也有人会嘲笑你。"

小红猜孩子肯定是在学校被嘲笑了，一部分人不接纳他，他对归属感出现了困惑。于是小红说："我也曾经遇到过像你说的这样的事，我当时内心很不舒服。可是后来又想，我要是让每个人都满意，那不得累死啊！"然后问儿子，"你觉得呢？"

儿子说："对，我还是去学校吧！"

你看，会对话的妈妈很容易就解决了孩子的情绪问题。

2. 成为成熟父母的 3 个关键点

（1）懂得抓重点

父母不要什么都与孩子争论，消耗彼此精力。抓重点的意思是，如果孩子越过父母尊重的界限，明显侵犯到父母作为"人"的立场时，这个时候不能妥协。不是因为他是孩子你是大人，而是作为"人"，他越界了，没有尊重你。比如，你破坏了我们的约定，没有遵守我们一起制定的规则，用我的手机玩了近一个小时的游戏。可以围绕彼此尊重的问题展开，而不是对与错。

（2）懂得包容

在处理孩子情绪的时候，要看到这是一个有情绪的孩子，需要给他时间冷静，而不是咄咄逼人，显得你也像个孩子。处理任何一个关于"人"的问题时，首先必须要有良好的关系，否则没人会配合我们处理关系里的问题。

（3）懂得该离开时要离开

在孩子咆哮，甚至失去理智要伤害到你的时候，记得先走开，给孩子空间的同时要保护好自己的身体。

4.5　孩子在压力情况下的交流模式

所谓压力情况是指什么？大家一定都有体验，这是一种心理或者精神上的压力。在生活中、工作中、学习中经常会有体验。一般产生于一些比较难处理、有困难和对自己有威胁的情况和事件。压力不是这些情况和事件本身，而是人对该情况的理解和反应。

正是因为有压力，通常我们的行为反应是即时的，不会有时间、有耐心通过大脑理性分析后做出反应。就像你闻到了臭味立即捂住鼻子一样。在人与人交往中，在有压力的情况下，我们将交流模式归纳为以下四种：指责、超理智、讨好、打岔。

1. 指责模式

这是一种内外不一致的方式，它反映了"我们要维护自己，不接受任何借口、麻烦或辱骂"，决不可以"脆弱"。

比如，爸爸给孩子做了一顿饭后问孩子好不好吃。如果孩子不顾及爸爸的感受，粗暴地否定对方："你做的什么呀，好难吃！"这就是指责模式。下图可以更形象得表示这种模式。

【S：自己　O：他人C：情境】

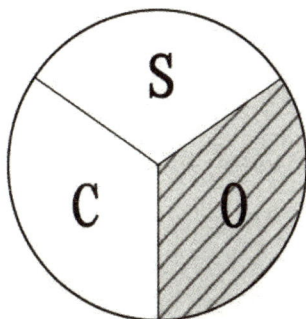

2. 超理智模式

过于理智，意思是只尊重情境，通常在资料和逻辑方面。它常常被误解为聪明，突出特征是非人性化的客观。

如果孩子不带任何表情说："按照这样的做菜方式应该是这个味道吧。"他将一切事情合理化，既没有感受到自己真实的感受，也没有发现爸爸问这句话的真实意图与期待他夸奖的心理，这种模式称之为"超理智"模式。

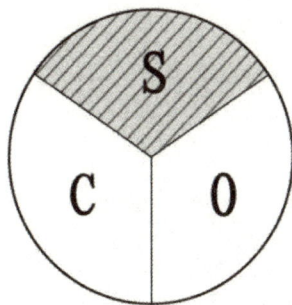

3. 讨好模式

当我们讨好时，往往会忽视自己的价值，把力量拱手让给别人，对所有事情点头称"是"。讨好常常以一种令人愉快的面目出现。

比如孩子吃到不是很合口味的饭菜，也连连点头称赞，这种模式称为讨好模式。

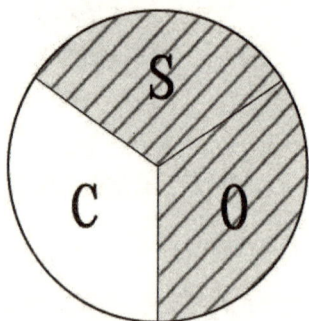

4. 打岔模式

这种模式是将人们的注意力从讨论的问题上岔开。

如果孩子顾左右而言他："你今天在楼下看到那只流浪猫了吗？""哇，你今天居然没有加班。"显然他不想承认不好吃，这种模式就是在"打岔"。

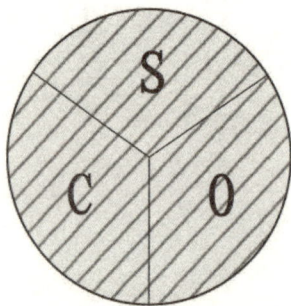

这四种模式在孩子很小的时候就形成了，一直伴随我们长大，出现在我们生活的各种关系当中。

作为孩子，在很小的时候他最害怕的就是失去与父母这个关系，这影响着他生存的关系。所以，那个时候的他们往往会用"讨好"来满足父母的需求，而这种使用不是有意识的，是自动发生的"应急反应"。

父母如果发生争吵，我们来看看会发生什么？即便父母不用语言指责彼此，其指责的状态和氛围，孩子也是可以感知到的。他会自然出现"应急反应"，每个孩子出现的情况不太一样，对他以后的影响也是深远的。

这些"应急反应"分别表现为：

（1）打岔

害怕和恐惧会使他逃离这样的氛围。这样的逃离，也分为身体逃离和思维逃离。无论是哪种逃离，孩子在长大之后会害怕冲突，遇到冲突也会出现一样的应急反应。这时就会被误解为"不负责任""不理大人，不沟通""不会面对问题"等。

打岔还常常表现为你跟他说东，他跟你说西；房门总是关起来，只是吃饭上厕所的时候出来。他们不愿意跟父母沟通，而父母会认为问题在孩子身上，从而很可能跟孩子发生冲突，而事实上这种模式的形成由来已久。

（2）讨好

有可能稍微大一些的孩子会站在强势的一方，讨好强势的一方，以此保护自己。这里再次强调，这些都是应急反应，这些反应往往不是思考后的结果，而是一种本能。也许成年后的他在面对冲突的时候，特别会看眼色，知道哪方有利于自己，他会讨好对自己有利的一方。

（3）指责

有可能指责强势的一方，他厌恶痛恨对方，要压过对方以此保护自己，表面上同情弱势的一方，很可能心里也指责对方的懦弱。

（4）超理智

会说服自己说，这是大人们的事情，跟他没有关系。他屏蔽一切属于他的感受，不接受自己有害怕、悲伤、难过等感受，强迫自己不受影响。

4.6　父母对孩子情商的影响

孩子无论用四种交流模式里的哪种都体现着孩子不敢真实表达他自己。

作为父母必须了解，孩子越小，父母的情绪对孩子影响越大。为什么这么说呢？因为对于孩子来说，他在左脑逻辑思维还没有发育完全的情况下（特别是 3 岁之前），是在用身体感知这个世界是否欢迎他，而父母则是第一重要的，我个人觉得讲唯一重要都不为过。

人与人之间的沟通，语言只是占到 30%。而更多的信息来自肢体交流：面部表情、肢体姿势、肌肉状态、呼吸节奏、音调、手势等。在压力情况下人们会不自觉地表现出不一致的双重信息。

萨提亚女士在她的《新家庭如何塑造人》中就提到有六种情况会有不一致的信息：

- 我怕伤害别人的情感；

- 我觉得自己太差劲；

- 我担心别人报复；

- 我害怕我们的关系破裂；

- 我不想强迫别人；

- 我不在意除自己以外的任何事情，也不想让自己对他人或是一段人际关系具有任何意义。

在我们的成长经历中，我们常常会因为这些而掩盖原本的信息，从而压抑了自己的情绪。

那些情绪都一直压抑在我们身体里。人类与动物不同，动物是有当下解决压力的能力的，而人类一般都是压抑的。那些从小压抑的情绪，在未来的人生道路上，都是情绪管理的重要功课。所以作为大人，我们常常会有疑问：我们哪来那么多"莫名其妙"的情绪？我们几乎都有一种经验：在我们还是孩子的时候，哭是不被允许的，这就是一个压抑的例子。那么，我们这一生会有多少从小被压抑的情绪啊！

如果，在孩子的成长环境里，父母常常是指责争吵，那么他的负面情绪会多些；如果，他体验更多的是和谐的父母关系，那么他的正面情绪会更多些。正面情绪多的孩子，通常更容易处理他的负面情绪，因为他始终相信有"正面"情绪；而负面情绪多的孩子，可能就不相信正面的情绪，比较悲观，需要更好地管理情绪，也需要更大的耐心和时间去陪伴。

更好的管理情绪就是情商高的表现，而不是我们通常说的会察言观色，那是讨好。

练习 16：

我们通常用的应对压力的（交流）模式是什么呢？

一般都有两种以上，可以探讨一下在下表中打√。

家庭成员	讨好	指责	超理智	打岔
我				
我爱人				
孩子				
我妈妈				
我爸爸				

4.7　冰山下的渴望

我们了解了压力模式下四种交流模式，也了解了这四种模式是不一致的，那么如何更加一致的表达呢？这就是一致性的表达。

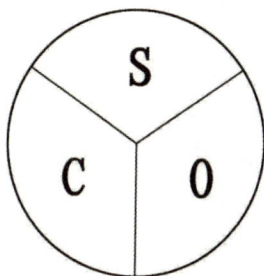

S：自我　C：情境　O：他人

一致性的表达指既了解自己表达了自己，又可以了解对方，同时还关注了情境。

但是要了解自己和孩子其实并不是一件容易的事情，因此我们就要借助一个工具：冰山模型。

要了解孩子的情绪行为，就不得不了解形成这些情绪背后的秘密。在前面的内容中，我们有讲到情绪 ABC 法则，发现观点的背后还有很多可以探究的内容。这里，我们要运用冰山模型来更深地了解自己与孩子情绪背后的秘密。

电影《泰坦尼克号》当中，当船长看到冰山的时候，船已经撞上冰山了。肉眼看到海平面上的那部分只是很少的一部分，真正大面积的冰山在海平面之下，因此根本来不及采取措施。

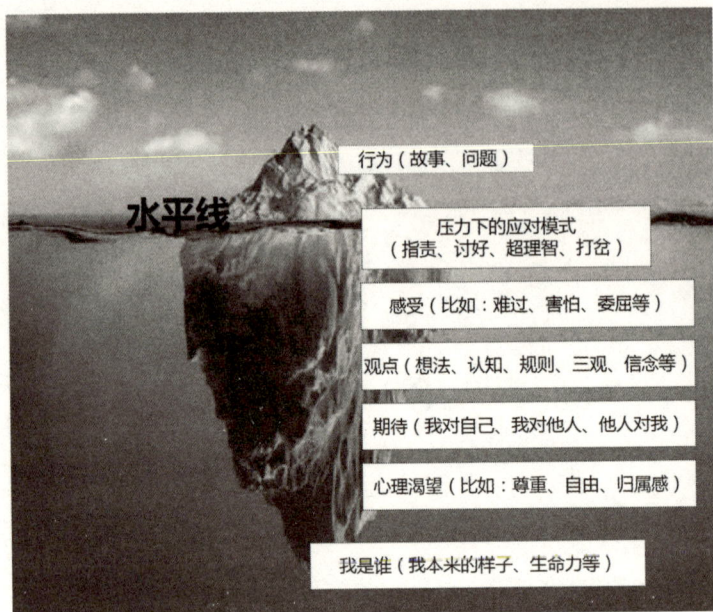

从图中可以看到，大约只有 1/8 露在水平线外，能够被外界看到，另外的 7/8 是隐藏在水平线下的。其实，暗涌在水平线下的这部分才是真正冰山的主体。

心理学家会把冰山作为一种隐喻，即一个人的自我，就像一座冰山一样，我们能够看到的只是表面很少的一部分，即行为。而更大的一部分就是那个内在的世界，隐藏得非常深，就像上图这个冰山在水平线以下的那个部分。我们每个人都是一座冰山，孩子也不例外，想要真正帮助孩子改变，需要我们先了解自己的冰山。

有人会问：为什么了解了自己的冰山就能帮到孩子呢？因为作为人类的我们，产生行为的逻辑关系是一样的，当我们对自己不够了解时就没有安全感，没有安全感就容易引发情绪。就好像我们在一个没有灯光的房间里，不知道门在哪里，不知道该怎么走，不了解房间的布置。我们不敢大胆地走，因为很容易会磕碰摔倒。这都是因为我们对房间不熟悉，致使自己没有安全感。可是当我们对这个房子完全熟悉的时候，就会非常安心地走每一步。即便没有开灯，我们也不会担心被碰伤。

我们的心理也是一样的，当对自己不够了解的时候，就没有信心去处理内在的问题，情绪自然就会有所波动；当对自己越来越了解的时候，情绪自然也会越来越稳定。

为了让大家能够更好地了解冰山理论，这里举个例子。比如，孩子打游戏这件事，我们作为父母会怎么做呢？大多数父母会采取定时间的方式，时间一到就会催孩子把游戏关了，或者不沟通直接把电源关了。我们会看到，孩子此时的面部表情是一脸不满，父母看到孩子的行为是：孩子的手和眼还停留在电脑或者手机上，孩子看到父母的行为是什么呢？就是父母严厉的眼神和那句"就知道玩，不知道该学习了？"此刻父母与孩子间已经发生了冲突，这个画面就是冰山水平线上的部分，即平时常常看到的、听到的一些画面或者一些问题。

如果孩子是一座冰山的话，我们来看看这个水平线下面还有什么？

孩子的行为：玩。当父母在叫停的时候，孩子没有停下来。

孩子内心状态：指责。

孩子的感受：着急、烦躁、失望、生气。

孩子的观点：我才玩了一会儿，还没玩尽兴呢。

孩子的期待：对父母的：能让我多玩一会儿；可以打赢或通关。

对自己的：赶紧打赢或通关。

孩子的渴望：自由、成就感。

孩子如何看自己：没价值、没用、没意思。

很显然孩子的期待并没有被满足，因此他感觉到没有自由，这个时候就激起了他的不满情绪。

如果父母是一座冰山，我们来看看水平线下面还有什么？

父母的行为：一直在喊停。

父母内心状态：指责、超理智。

父母的感受：着急、生气。

父母的观点：你已经玩了很久了，必须结束。

父母的期待：孩子在规定的时间里结束游戏；自己可以耐心地表达。

父母的渴望：被尊重。

父母如何看自己：我是没用的父母。

通过上述的分析和判断，冰山理论其实是想要告诉父母，不要仅停留在孩子有情绪的行为层面处理问题。还拿玩游戏这件事来说，是否可以跟孩子一起商量一个确切的时间，是否可以以时间规则作为双方的评判官呢？是否可以聊聊感受呢？或者表达自己想要被尊重或者感觉自己很无力呢？只有改善彼此的关系，才能影响行为发生改变。

4.8　需求是普遍的

有一对夫妻，丈夫很喜欢打游戏，妻子就会经常说他，认为这样会影响到孩子的学习，树立一个坏榜样。后来他们来找我，男士说："我知道打游戏不好，也会影响到孩子，可就是停不下来。

我就问这位男士："你从事的工作怎么样呢？"

他说："我的工作很一般。"

我说："你常常会感觉到有成就感吗？"

他说："没有，我做得好是应该的，如果做得不好的话会被领导批评。"

我说："在家里呢？会经常有人夸你，欣赏你吗？"

他说："也没有，妻子会经常说我这个做得不好，那个做得不好。"

我说："那怪不得了，因为你在生活当中得不到肯定，没有成就感，也没有被认可，可是在游戏里完全不一样。游戏如果打得不好没人说，也没人批评；但是打得好，就会有很多的奖励，通关就是一种很爽的感受，很有成就感啊！所以才会沉迷在游戏当中。"

无论大人还是孩子，在渴望层面的需求是一样的。孩子也需要成就感需要被认可，如果学习中没有，就会在生活里寻找。我们要解决问题，就要找到根本原因，解决根本问题，而"渴望"就是"根本原因"。很多孩子打游戏，有几个渴望层面的需求：

（1）认可和成就感。当他的生活里少了这些"认可"会变得自卑或者自负，而迷恋游戏是他满足心理需求的一个途径，如果家长不及时发现，不在生活和学习中给予认可或成就感的补充，那么孩子对游戏的依赖就会加重。

（2）人与人的交流。如果他的朋友们在说游戏，他却一无所知，那么他就缺乏人与人之间的联结，这个时候他的情绪就会低落。因此，适当让孩子通过其他途径了解游戏也是可以的。

（3）用游戏来解压。但我们有更多的解压方式来替代游戏。

练习 17：请根据前面的内容绘制出自己和孩子的冰山。

日期 Date:

行为

应对模式

感受

观点

期待

心理渴望

我是

青少年情绪管理：

21 天情绪管理训练营

第 5 章

释放情绪 补充能量

面对父母这个"岗位"，我们很难做到从容；对于孩子的情绪，往往手足无措，能够运用的只有过去做子女时候的经验，而这些经验有些是适合的，有些则不适合。当发现孩子有情绪时，最重要的就是帮助孩子将情绪倾泻转化为健康释放。

以下是一家专业心理机构（圆融国际）整理的一张对比表格。这张表格体现了情绪倾泻与健康释放的区别。

情绪倾泻	健康释放
责怪别人	不责怪别人
用多个议题"淹没"对方	保持一个话题
不承认他们的错误	承认他们的错误
扮演受害者	不扮演受害者
不愿意寻找解决方法	共同制定解决方案
抗拒建设性反馈	乐于接受建设性反馈
重复说同样的问题，不考虑时间。	不会占用不必要的时间
不尊重或倾听他人的观点	倾听并认可他人的观点
感到有害	感到有益

5.1 承担情绪的责任

当我们面对对方的某个行为时，可以选择生气，也可以选择平静，任何情绪都是自己选择的。如果我们总认为别人要为我们的情绪负责，那么会活得非常辛苦，因为我们无法左右别人。其实，情绪由别人来负责这个"理所当然"的概念来自很多人的童年。前面我提到过，小时候我们非常熟悉的一句话："你要乖哦，你不乖妈妈要生气咯！"大家有没有发现，父母不开心，我们是不敢开心的。

大概的逻辑是这样的：

爸爸妈妈开心＝我可以开心

爸爸妈妈不开心＝我也没有资格开心

现在我们做父母了，想让孩子开心、情绪正向，可是发现自己似乎又很难开心。我们不开心，孩子就不开心。*其实，我们需要孩子情绪正向的第一步是父母先学会为自己的情绪负责。*

一个不会为自己情绪负责的人，永远在等着别人拯救，不会主动寻找解决情绪问题的方案，在情绪上就像一个"婴儿"，需要有人去不停喂养。因而，在行为模式上没有成年人的冷静、不会倾听他人的建议，会毫无止境地抱怨同一个问题。如果说孩子是这样的表现，我们可以理解为还没有长大，还不会为自己的行为负责。但是作为父母，我们要自省：如果我们不会为自己的情绪负责，又如何帮助孩子让他对情绪负责呢？

1. 学会看情绪能量状态

有一个爸爸很沮丧地说，在他们家，唯独让他无能为力的就是情绪的掌控。无论是对自己还是太太和孩子来说，这似乎都是最大的难题。

很多父母说，冷静看起来容易，实际做起来很难。当孩子有情绪的时候我们会教他冷静，可是当自己有情绪的时候，却发现"冷静"离自己太遥远了。

美国心理学家大卫·霍金斯博士（David R.Hawkins）提出人的情绪可以带出能量层级的不同，见下图。作为家长，我们不需要去仔细研究这张图，而是需要了解孩子大概的情绪能量级别。

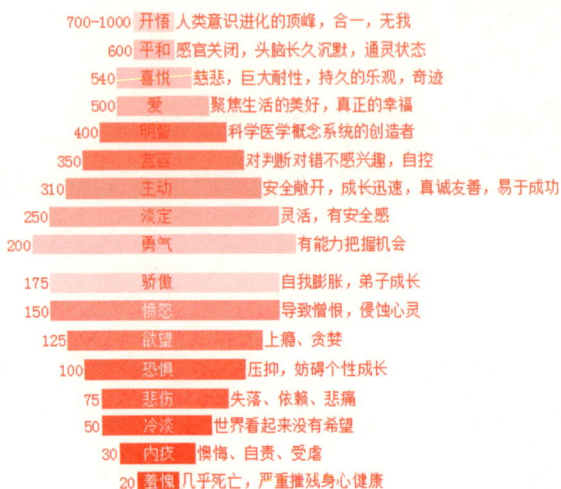

700-1000	开悟	人类意识进化的顶峰，合一，无我
600	平和	感官关闭，头脑长久沉默，通灵状态
540	喜悦	慈悲，巨大耐性，持久的乐观，奇迹
500	爱	聚焦生活的美好，真正的幸福
400	明智	科学医学概念系统的创造者
350	宽容	对判断对错不感兴趣，自控
310	主动	安全敞开，成长迅速，真诚友善，易于成功
250	淡定	灵活，有安全感
200	勇气	有能力把握机会
175	骄傲	自我膨胀，弟子成长
150	愤怒	导致憎恨，侵蚀心灵
125	欲望	上瘾、贪婪
100	恐惧	压抑、妨碍个性成长
75	悲伤	失落、依赖、悲痛
50	冷淡	世界看起来没有希望
30	内疚	懊悔、自责、受虐
20	羞愧	几乎死亡，严重摧残身心健康

比如，羞愧。我们会不会用指责让孩子感到羞愧？"我怎么生了你这么个孩子？"这句话会使孩子的能量极低。

比如，用恐惧推动孩子学习。"如果你不好好学习，将来只能扫大街。"

每一位父母都想让自己的孩子变得更优秀。*如果孩子接收到的都是低能量的情绪指令，是无法反馈出高能量的情绪状态的。*

我们可以将这张图贴在家里墙上，通过观察孩子的情绪能量状态，找到对应需要调整的能量层级。

举一个例子。

小贝因为起床晚了，没有赶上校车，迟到了。正好赶上老师测验，考试也没考好，他非常自责。这个时候，他的情绪能量状态是懊悔自责，如果父母再给予愤怒的指责，那么小贝的情绪能量就可能会更低。如果父母给予了淡定、宽容和爱，那么小贝的情绪就可以快速调整到比较积极的状态。

2. 给情绪能量"加油"

"加油"这两个字我们经常听到，意为给自己打气或给别人打气。怎么才能把"油"加进来呢？

我们可以把自己想象成一辆正在行驶的车，周围有人说，你开得太慢了，得开快点。于是我们也对自己这么说，我开得太慢了，得开快点，然后就不断加速。遇到加油站也不停下来，生怕别人说太慢了。忽然你发现车动不了，这个时候，旁边有声音：你怎么停下来了？赶紧往前开啊。而你的第一反应是车怎么动不了，第二反应才是油箱里没油了。

按理来说你是驾驶员，你最清楚这一辆车的问题，可是你却听从了外人的声音。

我们作为驾驶员，需要不停地关注自己的油量，只有这样才会适时停下来补充。

我们如何保证自己身体有满满的油呢？或者如何保证自己在油还没有耗尽的时候，就可以知道自己该要加油了呢？

这就要靠我们的感受了。我们的身体是有感受的，比如：当我们感觉到累了、倦了、烦躁了，有很多很多情绪出来的时候，就是在提醒我们要加油了。除了要给我们加油，还有一点要注意——不能错过加油的时机。

有一天快中午的时候，儿子问我："妈妈，几点了"？

我说："你是不是饿了，想吃饭了？"

他说："是的。"

我问："怎么不直接表达自己饿了呢？"

他说："不是到点才能吃饭吗？"

如果我们总是按照"应该吃饭"而不是"饿了"来决定自己要不要吃饭，那么我们的身体就无法准确地补充到该补充的能量。只要我们听从身体的声音，该补充能量就补充能量，那么就会很容易获得控制力的源泉。当父母可以做到，孩子也就能做到了。

5.2　加油站里的八大能量

身体——生理的部分

智力——思维思想的部分

感情——情感的部分

感官——感觉器官

关系——与外界交互的部分或功能

环境——所处的空间、时代、空气、气温等

营养——饮食

精神——心灵、信仰、生命的意义等部分

身体

精神   智力

营养   感情

环境   感官

关系

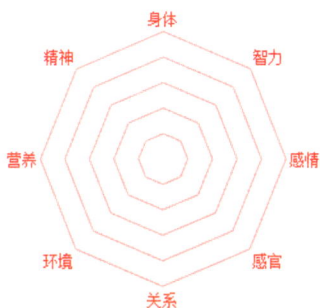

1. 第一个能量来源是我们的身体

包括我们的眼睛、耳朵、嘴巴、鼻子和皮肤；我们的身体就像一个宫殿，我们的五脏六腑、四肢等。养好它就是给我们的"灵魂"一个安全的港湾，是情绪管理的第一个能量源泉。让这个港湾健康起来充满活力是我们要做的第一件事情。因此，孩子的身体健康很重要，如果因为学习忽略了运动，是不可能有良好的情绪管理能力的。一个人的生命力所显现的物理状态就是我们的身体，它的状态对我们太重要了。

2. 第二个能量来源是身体里的营养

营养包括维生素、脂肪、碳水化合物、水分，主要通过食物进入我们的身体。如果缺乏营养的摄入，就没有很好的状态方面对生活、学习和工作。

3. 第三个能量来源是智力

我们的思维、逻辑都属于智力的部分。智力对于我们如何管理情绪、如何达成目标是非常重要的。前面曾经提到的情绪管理 ABC 理论中的认知就属于智力范畴。如果没有智力的协助，要达成情绪管理的目标是不现实的。有人说，智力高的人情绪会相对更容易管理一些，我虽然不完全同意，但是在智力上尽量给足条件去培养，一定是对提升自我能量有帮助的。

4. 第四个能量来源是感情

我们的感情和直觉是非常重要的，可以通过情绪更加了解自己，如果我们很难过，可以通过情绪把它宣泄出来。有段时间，我遇到一件事情，心里不太舒服，当时就觉得有情绪了，只是因为工作特别忙，情绪并没有及时宣泄出来，到了晚上我觉得特别累，就一个人待在房间里，跟自己好好对话，希望可以让自己放松下来。不一会儿我就哭了，哭着哭着，儿子走了进来；他说："妈妈你怎么了？"我说："妈妈在运用情绪宝藏，把身体里的一些压力发泄出来。"儿子说："你明天应该是非常非常轻松的，而且等一下你可以睡个好觉。"我说："是的。"

在我们家，全家人都知道感情是个宝藏，如果可以很好地运用它的话，可以让生活更加愉快，自己的心情也能非常轻松。

5. 第五个能量来源是感官

感官就是我们的听觉、视觉、嗅觉、味觉还有触觉，甚至还包括运动觉。运动觉是我们在运动的时候辨别身体的运动和位置变化的感觉。人类都拥有感官，千万不要随便去伤害它，如果把音乐开得声音很大，那我们的耳朵就会受伤；如果经常看电视、打游戏，那我们的眼睛就会受伤，所以不要过度去伤害我们的能量来源，要好好保护它。

6. 第六个能量来源是关系

关系是指我们与其他人的交流，或者自己的交流及与世界的交流。有了交流、互动，就会产生各种关系，比如我们跟孩子的关系、爱人的关系、父母的关系、兄弟姐妹的关系、同事的关系、客户的关系……最终成了我们的一个能量来源。

7. 第七个能量来源是环境

环境包含什么？颜色、声音、光线、空气、温度，还有空间、时间等。环境只存在于现在，是唯一一个可以让我们直接体验到的能量来源。我们只有真正在此时此刻跟这个环境接触，这个能量来源才是属于我们的。比如，周末和孩子去接触一下大自然。

8. 第八个能量来源是精神

精神就是生命的意义，即我们跟自身的生命有什么关系，我想做些什么？我觉得自己是一个什么样的人？精神是我们生命的力量，就好像一棵树，它永远朝着阳光向上生长。如果身体是我们的家，精神就是我们存在的意义与价值。

世界卫生组织（WHO）曾提出关于心理健康的七条标准：

① 智力正常；② 善于协调和控制情绪；③ 具有较强的意志和品质；

④ 人际关系和谐；⑤ 能动地适应并改善现实环境；⑥ 保持人格的完整和

健康；⑦ 心理行为符合年龄特征。这七条标准和这八个宝藏都相关。

练习18：下面请给孩子的这8个方面打分（1～10）。要求：1～10
分为评分人主观标准；在一组对比分数里，评分人需要固
定，比如第一周是妈妈，第二周必须也是妈妈，这样才可
观察到分数的变化。

	身体	智力	感情	感官	关系	环境	营养	精神
第一周	6	7	5	7	4	9	9	5
第二周	7	7	7	7	7	9	9	6

	身体	智力	感情	感官	关系	环境	营养	精神
第一周								
第二周								

5.3　情绪复盘工具：天气报告

　　这个工具的使用需要家庭成员一起坐下来按照模版来谈话，它跟我们往常谈话的方式不太一样。通常，一家人坐下来谈事情，基本从具体的事情就展开了，很少会进行内心的交流。比如，这个学期孩子学习要制订一个计划；比如，全家要去哪里游玩；比如，针对孩子的某个优点或者缺点来讨论。但情绪如何发现，发现了该怎么解决、如何复盘就需要用"天气报告"这个工具来完成。

1. 第一步：感谢或者分享一些让自己觉得兴奋的事情

　　我曾经采访过一位先生，他说天气报告这个工具给他带来了非常好的体验。从前的家庭会议是说一些需要解决的问题，有些觉得不值一提的事就不说了。当第一次尝试用天气报告这个工具的时候，他觉得有仪式感，感觉每个成员间刚认识，他对孩子、妻子有了不一样的体会，他很想了解他们，孩子也很期待，感觉到了被重视。当他开口感谢妻子每天下班还要做饭给家人时，他的内心非常激动，同时感觉到妻子听完后表现出的喜悦和惊讶。

他说，因为他对自身要求很高，认为孩子每天坚持复习是应该做的，但家庭情绪顾问给他留了作业，虽然他还不是发自内心地去跟孩子说欣赏他学习的话，但是他说完后，孩子已经很开心了，这一点就值得感谢。

孩子说：爸爸是律师，帮助了很多人，我知道很多人欣赏爸爸，我就不说这些了。我欣赏爸爸为了我们家更好而做出改变，今天给我们开会，还表扬我、感谢妈妈。

当孩子这么说的时候，他很感动，因为自己做的这点小事对孩子来说却是大事，而且孩子立即看到了。

其实值得感谢的事情很多，说不出来不是没有，而是我们没有习惯去发现，或者习惯了生活拥有的都是理所当然。比如自己，就很值得感谢。每天让自己吃好吃饱，可以让身体更加健康，这一点就值得感谢。

2. 第二步：表达自己的困惑、担忧或者关心的事情

以往很多人在家中表达这部分内容的时候，严格意义上说不是表达，而是带着情绪在抱怨。比如，接到老师反映孩子没有完成作业的电话时，我们回来就会把孩子说一顿，可是这样说完后也不一定能得到改善，因为

孩子没有接收到你的困惑信息，只是情绪。而用天气报告这个工具就不太一样。

在家人完成了"欣赏感谢"的第一步时，氛围就变得积极了，这个时候表达"困惑"相对会较平静，孩子也会容易接收到你真正要传达的信息。家庭中的每个人都有权利表达，孩子也会说出他的困惑。比如，前面提到的那位先生，他的孩子就提出了自己的困惑——"我很困惑，妈妈心情好的时候我可以玩游戏，心情不好的时候我在规定时间里也不可以玩游戏。我不知道真正的规则是什么？""最近我总是提不起精神来学习，但是我又说不清楚，担心你们不理解。还有我发现妈妈最近脸色不好，我想关心她，但又不敢问。"孩子一股脑说了很多困惑、担忧，这让他和他爱人很吃惊，也很欣慰。很多时候，我们会忽略孩子长大的事实，一直认为孩子还是那个"孩子"，没有觉察到孩子每天都在成长，每天有自己的想法，只是他们没有机会表达。

3. 第三步：抱怨和提议

为什么抱怨和提议放在一起呢？我们平时在家中遇到矛盾或者遇到自己心烦的事情时，就会有一堆抱怨。比如妈妈抱怨孩子乱扔玩具、睡懒觉、做事情太慢，或者爸爸会抱怨妈妈太啰唆了，妈妈抱怨爸爸下班太晚了。一个家充满抱怨，有没有改善方法呢？抱怨在一个家庭当中出现再正常不过了，因为抱怨也是一种表达，只是当我们心中有不满的时候若能够再加上一个提议就会有积极的效果。也就是说，我抱怨了这件事情之后还有一个提议，或者还有一个建议。比如，我可以告诉另一半，我对你晚回家很生气、很有意见，你也别怪我抱怨。我提议，能不能每周至少有一天可以早点下班回家陪我和孩子。这就是"抱怨 + 提议"。有提议对方未必接受，可是如果光抱怨没有提议，就更没有积极改变的可能性，只会变得越来越糟糕。

4. 第四步：新资讯

新资讯就是只有当事人自己知道的消息。比如升职、加薪、中奖等，只要是好消息，都可以拿出来分享。其实，家人之间能够时常去分享一些新资讯的话，可以拉近彼此的距离。

5. 第五步：提出希望或者愿望

比如春天到了，孩子有一个愿望：我想跟爸爸妈妈一起到郊外去野餐。妈妈有个愿望：下个星期的某一天可以不做饭，让爸爸来下厨。"爸爸也有一个愿望：希望下厨的时候家人一定要夸他做的饭好吃。这些都是希望或者愿望，它们可大可小但建议是真实可操作的。

这个就是天气报告工具的五步骤，建议每个星期或者每两个星期开一次家庭会议。我相信大家的心情会变得越来越好，当家庭成员彼此都敞开心扉、真诚面对，相信亲密关系和亲子关系也会变得很和谐。

练习 19：每周一次天气报告。

注意事项：

可视化——最好可以写下来；

气氛——沟通要坦诚；

对象——日常见面的家人；

时间———一天的开始或见面时；

地点———一个舒适的地方；

方式——根据下图中的提示，认真倾听，让每个人有机会说出要说的话。

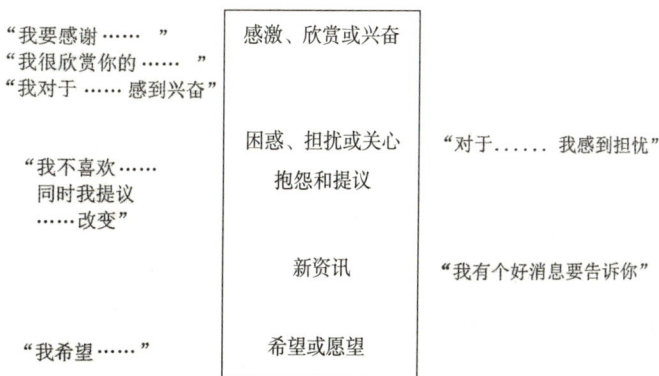

"我要感谢……"
"我很欣赏你的……"
"我对于……感到兴奋"

感激、欣赏或兴奋

"我不喜欢……
同时我提议
……改变"

困惑、担扰或关心
抱怨和提议

"对于……我感到担忧"

新资讯

"我有个好消息要告诉你"

"我希望……"

希望或愿望

5.4 释放压力的六种健康方式

讲到情绪就不得不讲压力，情绪往往是伴随着压力而来的。跟人一样，动物也会紧张，也会害怕，当动物有压力的时候，身体会不自觉发抖，不要小看这一抖，这一抖就把压力给抖掉了。而人类一旦有了压力，如果不及时把它释放掉的话，就会一直积存在我们的身体中。所以，我们需要寻找一些正确、健康的方法来释放压力。

有些家长发现孩子时不时会咬手指甲，咬着咬着手指甲开始变形，长大之后甚至还会咬手指甲，形成一种习惯动作。大人试图用各种方法去改变孩子这种行为，效果似乎不好，反而还更严重了。其实这个行为是孩子伴随着压力的情绪所致。

如果我们知道这个行为是来自一种压力，是自然反应，他只是不自觉地在通过咬手指甲排除压力，那么我们家长就要用健康的科学方式去帮助它来解压。

下面列举一些类似的行为：

（1）一个孩子如果白天很愤怒，或者处在愤怒当中却不允许表达出来，就会压抑在愤怒上。有些孩子会表现为晚上尿床，也有些孩子会失眠。

（2）有一些孩子特别喜欢吃东西，无论他胖了还是瘦了，只要有情绪，就会通过吃东西让自己解压，当然这不仅限于我们的孩子，很多大人也会通过这种方式去解压。

（3）有些孩子会不分场合、不分时间地乱蹦乱跳或尖叫。有些孩子还会通过打架试图解压，伤害自己或者伤害别人。

像上面这三种情况，都是不太健康的解压方式，但这并不是孩子的错，也不是家长的错。如果一定要有是非对错，那只能说我们并不了解这些行为背后真正的原因。

什么样的解压方式是健康的？压力带给我们的情绪，只有从身体中释放出来才能更好地生活和学习。自我减压的方法有很多，可以选一个比较适合孩子的方法来解决他的压力的问题。

这里介绍六种方式，当然作为家长也可以带着孩子们去探索寻找出更多健康的减压方式。

1. 第一种方式：运动

我们知道运动可以解压的，运动可以帮助我们身体排出多巴胺，多巴胺可以给我们增加快乐。像打篮球、跑步就非常适合孩子们。可是为什么现在有很多孩子宁愿玩手机也不运动呢？是因为父母与孩子之间纯粹内心的陪伴和沟通变少了，孩子与大人"话不投机半句多"。如果彼此间的交流变多了，那么一起运动会很容易。

2. 第二种方式：捏皮球

很多孩子在有情绪的时候会表现出骂人或者打人的行为，这会在伤害别人的同时也伤害自己，可以通过"打枕头"或"捏皮球"的方式。如果真的很想打，可以在不影响别人的基础上解压。比如，在自己的房间拿枕头，可以踩也可以打；找一个有弹性的减压球，用手不断去捏它，然后松开，再捏它再松开。或者找一个皮球，把它吊在空中，然后不断去打。

3. 第三种方式：想象

可以告诉孩子：当你对一件事情或者一个人特别愤怒的时候，可以尝试想象。想象一下你的手上有很多泡沫，这些泡沫就像我们洗手的时候，揉搓洗手液产生的泡沫，然后把让你很不爽或者很愤怒的那个人想象在泡沫里，你对着泡沫吹一口气，就把泡沫吹得很远很远。吹完后告诉自己这个让你愤怒的人（角色）已经被你吹到其他地方了。如果一次不过瘾，你可以来第二次。每个人都有很多的角色，也许是这个人的角色给你带来了压力，让你愤怒，并不是这个人。

4. 第四种方式：撕纸

当我们有压力的时候，可以通过撕纸来解压。撕纸的感觉是一种非常爽的感觉，这需要我们在家里攒出很多废纸，比如过期的报纸、杂志、没用的文件。我们可以跟孩子一起撕，一方面陪孩子撕纸，一方面也是给自己解压。

5. 第五种方式：有意识的大喊

我们可以带孩子到山上、海边或者空旷人少的地方，把内心的情绪喊出来，这对孩子的身心是有极大帮助的。

6. 第六种方式：吹纸（塑料）袋

可以准备一些纸袋子或塑料袋，向袋子里吹气，然后扎紧，用力打破。一个接着一个。父母可以吹让孩子打，也可以一起吹一起打。

任何解压方式有一个前提，就是不伤害自己和他人。只要这个方式是安全的、健康的、不会影响到别人的都可以尝试。每个人都可以制造出适合自己的解压方式。有些孩子喜欢跳舞，有些孩子喜欢下棋，有些孩子喜欢画画。通过兴趣爱好也是可以帮助解压的。同时，家长一起参与还是促进亲子关系的好方法。

5.5　目标是为孩子这个"人"服务的

下面来看几个不同的案例：

[案例 1]

小 S 的父母跟我说，自从孩子考上大学后，整个人就不在状态，总说做什么都没有意思。他们问孩子怎么了，有没有想要的东西，孩子也说不出来。

我问："从小有跟孩子聊过理想吗？"

小 S 的父母说："小时候他说他想当宇航员，我们说那就要好好读书。"

我问："他是怎么往这个理想努力的呢？"

他父亲说："初中叛逆期常常跟父母对着干，沉迷游戏，学习也一般，还谈什么理想。他能考上现在的大学已经是超出我的意外了！"

我说："考上大学和他做有兴趣的事，你们觉得哪个更重要？"

父母两个人都沉默了，他们都是高级知识分子，明白我在说什么。其实对于父母来说，都是希望孩子幸福快乐的，考大学也是为了孩子前途，未来有保障。可是很多父母却忽略了"考大学"这件事是为"孩子"服务的，而不是让"孩子"为"考大学"这件事服务。考上大学也许可以让孩子幸福，但这并不是唯一的选择。

每个人都会有自己的人生目标——希望自己成为一个什么样的人。有些人坚持着，有些人在现实生活中可能由于某些原因慢慢失去了那份坚持。某种程度上，我们都希望孩子能有一个理想，所以，不管是什么原因，给孩子重新建立一个目标是非常重要的。

孩子需要的人生目标不是一个角色的目标，而是作为一个人要活出的状态。小 S 作为"高考生"的这个角色已经完成了，所以他不知道接下来还要做什么。他的"资产"对于支持他的整个人生是不够的。作为父母，需要改变一种思维，孩子不是要成为什么样的人，而是作为人要为自己一生建立以下几个目标：

① 更高的自我价值；

② 更加会做选择；

③ 更加负责；

④ 更加真实地了解自己。

前面章节中提到，自我价值高的孩子情绪相对稳定，会对自己的人生做选择，选择就意味着负责，那么他也就不恐惧真实，哪怕有时人真的就是脆弱的。只有"真实"的人才具备选择权，因为他"自我价值感高"、情绪稳定，不会计较别人怎么看他。

小 S 的父亲跟我说："我曾经问过我儿子想成为什么样的人，他说想成为小本。说实话，我并不知道小本是谁。他说小本是一个游戏高手。"

当父母听到自己孩子的偶像是一个玩游戏的高手，不知道大家的反应是什么，但我知道很多父母是会紧张的。

小 S 的父亲当时放下他的主观，很好奇地问小 S，是什么让他想成为小本这样的人呢？

孩子跟他说，因为他游戏打得好，而且学习也很好。单单游戏打得好或者单单学习成绩好不能算本事，两个都能拿下那才厉害！

后来小 S 的父亲又问了小 S "如何才能让自己跟小本一样"的问题，孩子回复，他希望自己在做另一件事的时候也可以不影响学习。

其实小 S 并不想成为"小本"，只是想拥有和小本一样玩和学习不会相互影响的状态和掌控自己的能力。

从上面的案例中，我们可以看到，小 S 的自我价值感很高，也会做选择，会对自己的选择负责，正是因为这样他表现得非常真实，情绪相对也会比较稳定。

当自己清楚自己想成为谁，也清楚为了成为谁需要付出什么代价，并且可以得到支持，那他无须做多余的自我内部斗争，因此情绪是相对稳定的。反之，则容易有情绪，因为人对未知会容易有恐惧的情绪。

[案例 2]

有一个初二的女同学，有一天突然之间就不想上学了，任凭她妈妈怎么说都没有用，她来找到了我，下面是我们之间的对话。

我问她："你的理想是什么呢？"

她说："我的理想是做一名警察，不是上学。"

我说："你想做警察的话，心理有崇拜的偶像吗？"

她说："有的。前段时间上映了一部电影。电影里有位警察特别帅而且还能跟数学家斗智斗勇。

我说："你想成为这样的警察吗？"

她说："我就想成为这样的警察，他是我的榜样。"

通常一个孩子不知道理由去做一件事，而又被要求去做的时候是很容易有情绪的。比如不知道为了什么而上学，却又被要求去上学。当这个女孩知道自己学习是为了成全她的目标——成为一名警察时，她就没有抵抗的情绪了。

[案例3]

好朋友因为工作生活太累病倒了，她说每天面对孩子学习头都要炸了，这下好了，天天在医院里住着。很多天没有管孩子，估计孩子会比原来更糟糕，可是事实并非如她所愿，孩子反而有好的变化。她躺在病床上想来想去，学习让彼此间的关系变得紧张，既然学习不好短期内无法改变，那就先跟孩子建立一个和谐的关系开始吧。于是她来找到我，让我帮忙给建议。

我告诉她：

第一，家里的"事"大于了人，家里的人和事都很重要，但是要有主次。

我给她列了一个推论：

A= 人；B= 事

A 是 B 的必要条件，反之则不是。

也就是说，有了"人"才有可能做事；而事情不可能先于做事的人存在。

一个孩子要把"学习"这件事情做好，首先他这个人得是有激情、有兴趣去做"学习"这件事的。很多情况下，我们忽略了这点。什么是"事大于人"呢？看看这些场景是否熟悉：

"不做好作业不允许吃饭"——作业比吃饭重要；

"学习学成这样，这辈子完了！"——学习比人生其他事都重要；

"你看人家的学习态度，你百分之一都不如。"——人家的孩子比我这个人重要；

"还哭，还觉得自己委屈了？男孩子怎么能哭呢？"——道理比人的感受重要。

其实，人和事都很重要，就好比人要穿好看的衣服，但是如果面黄肌瘦，怎么穿也不会穿出好看的效果。

第二，沟通层次不发展，要学会有效沟通

沟通是人与人之间、人与群体之间思想与感情的传递和反馈的过程，以求思想达成一致和感情的通畅。一个家庭总体来说不是简单的"人与人"沟通，而是亲人之间的沟通。那么我们来看看以下几种沟通模式：

第一个层面：打招呼；

第二个层面：说事情；

第三个层面：谈观点；

第四个层面：谈感受；

第五个层面：敞开心扉。

第一个层面显然不是家人之间的沟通模式，但是却常常出现在家庭当中。如果夫妻之间或者家人之间是这样的沟通，家庭这片土壤就没有滋养到家庭成员，孩子这个"人"就无法健康成长。再套用以上说的"人是事情的必要条件"来看，第一个层面的沟通显然无助于孩子学习。我认为，要想土壤好，至少要做到第四个层面。当我的这位朋友对孩子说："考试前你压力是不是很大？"孩子说："嗯。"大家不要以为这句话没有实际意义，其实这句话在不同的场合有着很深的意义。比如，你本来一个人在孤岛上生活充满绝望，突然来了一个人，虽然什么事也帮不了，可是你就有了活下去的希望。

具体我们应该怎么做呢？

第一，同理感受。

很多父母在育儿知识里学到了很多关于同理的方法，这都是非常好的，但我们需要真正落实。真正的同理是不容易做到的，它最关键的原则就是看到"人"，而不是只看"事情"。

萨提亚女士有一首诗《最大的礼物》，当一个人可以被同理被看见是他获得的最大的礼物。一个人可以最容易被同理到的就是感受。感受是与生俱来的，每个人都有，它是灵魂的语言。如果说思想是被赋予的，那么感受是属于每个人的自己私有的，你可以看到这个人的感受，也就意味着你真正看到了这个人。

练习 20：与孩子一起重新认识感受，比如与孩子一起玩感受接龙游戏，不能重复。

参见附录 3：萨提亚情绪词汇

第二，落实肯定。

虽然很多父母知道肯定和欣赏会给孩子带来好处，但是往往做不到。做不到就放弃了，以至于读了再多的育儿经，依然没有摆脱"挑刺"的魔咒。这是为什么呢？因为作为父母，自己对自己就没有习惯欣赏和肯定，对孩子怎么可能会习惯呢？孩子需要力量支撑他们每天的学习。孩子的力量来自哪里呢？来自父母，父母给孩子爱和力量。那谁给父母爱和力量呢？是父母之间的相互给予。父母自己的爱和力量又从哪里来呢？自己给自己。这就是整个家庭能量的自动正向循环。而很多家庭正好相反，用的是"讽刺和指责"。那结果自然也是相反的，这一点都不奇怪。

第三，重新界定。

重新界定就是指"看起来是负面意义的事情重新界定出正向的意义。

比如，孩子开始对父母说"不"。最开始听到孩子这么表达的时候，父母内心是不愉悦的。但是如果我们换个角度来思考，就会不一样了，说明孩子长大了。也许很多父母觉得孩子跟大人说"不"是不合适的。但是孩子长大踏上社会，面对强势的人群时，你是希望他压抑、受委屈，还是可以有选择地说"不"，表达自己的意见呢？我们需要重新界定过去的判断和认知。

比如：当一个孩子学习出现问题，比如逃学、厌学，可以通过这个行为看到一个信号：重新界定这个家庭需要改变了。就像我们喉咙痛了，未必是坏事，它在提醒我们是不是受凉了感冒了，要去关心一下了。

✏ 练习21：训练重新界定的思路。

例如：孩子逃学。

重新界定：或许一个人无法面对学业。

例如：作业磨蹭。

重新界定：或许他后面还有作业，不如慢慢做。

请将你日常对孩子有意见的行为一一列出，找出你认为有机会可以重新界定的。

	孩子行为	可否重新界定	重新界定	解决方案
例	孩子今天逃学了	可	或许一个人无法面对学习	同理压力
例	作业磨蹭	可	做完了也不能玩，所以慢慢做	做完了可以休息，不再布置额外功课
1				
2				
3				

5.6　父母与孩子的关系是最重要的

1999年，一位记者在美国采访了1989年的诺贝尔奖得主美籍华人崔琦。崔琦12岁那年，由于当地连续两年没有开学，他妈妈就决定把他送到中国香港地区读书。他的爸爸重病在床，作为唯一的独生子，本应该回家尽孝，妈妈却隐瞒了此事。第二年父亲去世了，因为害怕崔琦分心，她的妈妈一直没有告诉他。一年之后，他的妈妈也去世了。崔琦从 12 岁那年与爸妈分开，就再也没有见过面。谈到这里时，记者就问崔琦，如果当年母亲没有坚持把他送出来读书，今天将会怎样？记者讲完之后停顿了一下，他在等待崔琦的回答。也许期待他说，知识改变命运，如果当时他不离开，可能只是一个农民，不可能获得诺贝尔奖。但是，崔琦却说，他宁愿自己是一个不识字的农民。说着，60 岁的崔博士哭了。记者问他，到了这个年纪，觉得什么最重要？健康，事业，宗教，还是别的什么？他安静地回答，到了他这个年纪，他认为是人和人之间的关系。

写到这里，我知道未必所有父母都认同崔博士说的这一段。毕竟他已经成为一个"社会成功者"，被多少人羡慕着。而我认为，崔琦博士应该遗憾他的学生时代没有更多选择。

崔博士说的那句话很关键："人与人的关系是最重要的"。无论孩子有没有成就、有没有出息，他最终需要有一个良好的关系。父母的陪伴与情绪的稳定是关系中很重要的因素，父母与孩子的关系是最重要的。

记得之前看到这么一句话："人是用来爱的，物质是拿来用的，而这个世界之所以让人困惑，是因为人和物的对待方式颠倒了，爱物质而忽略了爱人。"

想想我们自己每天的生活，是不是这样呢？"用自己"的时间远远大于"爱自己"的时间。情绪，其实就是自己对自己的惩罚，情绪的背后是渴望"安全感""归属感"和"爱"。

各位家长，请记得，健康的人际关系是心理健康的重要标准之一，每一个情绪背后都是对"爱"的呼唤！

附录1　21 天练习

请从书中列出的21个练习中，选择一些适合自己家庭的做打卡练习，可以关注我的视频号：叶惠的生命研习社。

例如：

日期	练习	打卡	备注
第 1 天	天气报告 + 自我价值表 + 冰山笔记	√	完成了健康家庭对照表
第 2 天	冰山笔记	√	一起制定了一个小规则
第 3 天	冰山笔记	√	增加探讨四种压力下的模式练习
第 4 天	冰山笔记	√	增加了感受练习
第 5 天	冰山笔记	√	做了"应该"转化练习
第 6 天	冰山笔记	√	关于家庭情绪相互影响的事情做了一个行动方案
第 7 天	解压练习 + 冰山笔记	√	一起打枕头解压
第 8 天	天气报告 + 自我价值表 + 冰山笔记	√	自我价值分值提高
第 9 天	冰山笔记	√	聊了聊家庭成员压力时候常用的沟通模式
第 10 天	冰山笔记	√	做了重新界定练习
第 11 天	冰山笔记	√	讨论了某一个规则的合理性
第 12 天	冰山笔记	√	画了八大宝藏雷达图
第 13 天	冰山笔记	√	跟孩子聊了聊对自己的期待
第 14 天	解压练习 + 冰山笔记	√	提问方式转化练习
第 15 天	天气报告 + 自我价值表 + 冰山笔记	√	探讨了家庭成员有哪些角色
第 16 天	冰山笔记	√	用"是什么"替代"为什么"做了一次对比练习
第 17 天	冰山笔记	√	对没有被满足期待的事情谈了谈感受
第 18 天	冰山笔记	√	一起做了 ABC 转化练习
第 19 天	冰山笔记	√	一起聊了聊爷爷奶奶那个年代的家庭规则
第 20 天	冰山笔记	√	我们交换了秘密
第 21 天	解压练习 + 自我价值表	√	自我价值提升了

日期	练习	打卡	备注
第 1 天			
第 2 天			
第 3 天			
第 4 天			
第 5 天			
第 6 天			
第 7 天			
第 8 天			
第 9 天			
第 10 天			
第 11 天			
第 12 天			
第 13 天			
第 14 天			
第 15 天			
第 16 天			
第 17 天			
第 18 天			
第 19 天			
第 20 天			
第 21 天			

附录 2　家长分享案例

——————（母亲）秦霞　儿子13岁——————

面对青春期孩子，对他苦口婆心讲道理，反馈到的是孩子的满不在乎。胸口瞬间一股火冒出来，还没蹿到头顶之前，我就克制再克制，心想要做一个温柔的好妈妈，不能随意发脾气，忍着这股火压低语气。不见效时，大火终于还是蹿到了头顶，噼里啪啦对孩子一阵"燃烧"，火烧完了，亲子关系也越来越远。

周末想让丈夫帮我分担些孩子的学习监督，可他有自己的事情安排了，我很委屈难过，也很气愤，但不能表现出来，我得做个贤妻良母，要理解丈夫，他也不容易啊，那就忍忍吧，心里的委屈算得了什么呢？

……

这些都是我以前对待自己情绪的方式，它来了我就想方设法把它掩盖住，表面一切正常，可身体是诚实的，被盖住的情绪堵在心口总觉得闷闷的，它们以各种方式存在身体中，但我从来没想去看看，于是下次仍旧跌到这个坑中。直至我走进了情绪管理课堂，才对情绪有了全新的认识，帮助我和孩子解决了情绪带来的困扰，才真正体验到，一直以来是情绪在控制我，而不是我掌控情绪，那有解药吗？真的有，也真的有效！情绪不是我认为的洪水猛兽，它只是我的信使，想让我去看到它，因此当愤怒、委屈、难过等情绪来的时候，我要先觉察它，接着去面对它，通过呼吸是可以给自己力量的。再去识别它，我在愤怒，我在难过，感受它们在身体的活动是勇敢的过程，也是需要不断练习的，看到它们、感受它们的时候，就是允许情绪自然流动、逐渐消散。在一次次觉察、体验情绪的练习后，越来越能敏锐感知自己，遇到上面同样状况的时候，我就有了新的选择，而不再任由情绪控制我，随之带来的是身边亲子关系、亲密关系的变化，这是我一直往前走的动力！

———————————（父亲）汪浒　儿子 16 岁———————————

从小父母就告诉我，要学会控制情绪，要大度宽容，不要动不动发脾气，发脾气有情绪是不好的、没有素质的表现！

我也是这样教育自己的儿子。

结果当孩子有情绪时，我就严厉地批评他幼稚、不成熟，不会管理情绪。

结果孩子情绪越来越大，导致初中的叛逆，父子之间经常发生激烈的冲突或争吵，在学习叶惠老师"21天情绪训练营"课程后，我发现原来情绪没有好坏之分，坏情绪相当于天气中的下雨天或阴天，也是合理必要的存在。坏情绪就像邮差，他来给你送信，你若不打开、不接纳坏情绪，邮差就一直不走。在接纳孩子的坏情绪以后，才能和孩子进行一致性的沟通，家长和孩子双方都会觉得得到了理解和尊重，反而能将问题快速解决，家庭关系融洽和睦。

———————————（母亲）程传荣　儿子 16 岁———————————

人到 40，我叛逆了！

从小到大我都是邻居眼里别人家的孩子，懂事乖巧，孝顺老人，顺利考上大学，毕业后在大学任教，结婚生子。这种在别人眼里的"美满"生活，只有我自己知道，在永不满足的奋斗中，我是如何在求认可的游戏里让自己晕头转向。规则是别人设定的，目标是永无休止的，就像考试得了 98 分，我永远在自责怎么丢了另外 2 分，立刻思考下一次如何能拿到满分，我在追逐一个又一个的奖杯，却也活成了妈妈的奖杯。可是，爱在哪里？

直到认识叶惠老师，我走上了觉醒之路。一次，老师说"传荣，不断寻求的奋斗里，你对自己极度忽略，你爱自己吗？"后来经过不断的内在成长之后，终于有一天，我开始说"不"了，不再一味满足别人的期待而强迫自己做不喜欢的事，我开始爱自己，在关系里也有界限感了，开始变得柔软，可同时在有些人眼里，我开始叛逆了！"

一个同学问我："传荣，你用很高的标尺在要求自己啊，你的孩子会很累吧？"是啊，儿子一直以来在我的完美主义要求下，一直被压迫，刚上初中就开始"叛逆"，奇装异服、抽烟早恋、脾气暴躁，在学校经常顶撞老师，每每和他谈话都是以吵闹结束，不欢而散！

随着我的深入学习，开始学会接纳自己的不完美，慢慢我能够接纳儿子的不完美了，对他的行为有了许多的理解，能够保持一致性地和他交流，并感受他的感受。直到有一天，我看着他，莫名涌动出一份浓浓的爱，不是因为他考了高分、也不是因为他为我做了什么，只是看到他这个人，那一刻，我知道，我开始无条件地爱他了！

接下来，是可想而知的融洽，儿子慢慢好学，在初中最后一学期的努力下考上了重点高中，我也主动申请家委会工作，给他多一些陪伴。有一天晚上，他和同学们在准备演出节目，让我在 U 盘里给他拷两首歌，我认真完成了任务，他也带着 U 盘高高兴兴地去上学了。第二天我去接他放学，他老远看着我就一脸坏笑，见到我迫不及待地问"老妈，你是怎么做到把病毒文件都拷到盘里的？"原来，我不知道怎么弄的，将他盘里一个学期积累的歌都弄没了，只留下一个病毒文件，节目也没练成！我好紧张把事情办砸了，可儿子一脸宠溺的笑容让我舒了一口气。回到家里，我和儿子说"儿子，老妈发现你成熟了，这么严重的事情，你并没有生气，也没有吼我""那你也不是故意的。"儿子说。我摸了摸他的头说："嗯，我觉得你越来越爱我了"，看着儿子拼命点着头，看着这个阳光帅气的大男孩，我心里暖暖的，幸福极了！

——————（母亲）志群 女儿 15 岁——————

学习情绪管理的过程其实是一个心理自我成长的过程。

对于我来说，特别重要的一点是意识到童年遭遇对我的影响，并努力走出不愉快，让自己成为心理成熟的人，不把自己该承担的责任、情绪甩给别人。在夫妻感情不和睦的情况下，甩出去的通常是孩子主动接过这一切，这是他们年龄无法承受的。之前遇事我爱抱怨老公，虽然有意识地不说老公的坏话，但孩子能灵敏地感受到我的不满和对老公的否定，孩子对爸爸也产生了很多与我相似的不满。现在我会注重和老公多沟通来解决问题，虽然我依然很少夸老公，但孩子对爸爸的赞美越来越多了，与爸爸的相处也更融洽了。

它提高了我对自己的接纳程度，这种接纳让我有兴趣更多地探索自己，也更愿意了解老公和孩子在想什么，而不是一直希望他们怎么做。以前吃饭，我会执着于用餐时间的规律性，不看手机，甚至对于餐桌上的交流也有很多自己的期待，结果每次都是摆好菜了要催他们好几遍，父女俩才慢腾腾地从房间出来，我经常觉得很沮丧。现在我将用餐时间、交流方式做了一些改变，一说吃饭他们就会坐到餐桌边，还经常夸我做得菜好吃。

它让我与自己内在生命的连接更紧密了，内心慢慢充盈。以前我的注意力时刻在孩子身上，比如她有没有抓紧时间做功课，有没有按时睡觉，穿得多了还是少了，对她在社交媒体上发的图文也常常各种批评。现在我对自己的关注越来越多，慢慢松开了紧紧抓住孩子的"手"，孩子开放了之前对我关闭的 QQ 空间。虽然我和孩子之间的谈话比以前少，但彼此的接纳度提高了。

————（母亲）孙珂 小女儿 6 岁、大女儿 8 岁————

拿破仑曾言：能控制好自己情绪的人，比能拿下一座城池的将军更伟大。

作为一个想要表现成熟而努力控制情绪的成年人，我终于在情绪中失控，看它像火山一样喷发出来而无能为力。

还记得那是三年前的一天晚上，我下班后，去公婆家接上两个孩子回家。车子开出小区门不过五分钟，两个孩子因为后排座位空间你多我少的问题吵了起来。孩子们争抢东西每天都在发生，我烦躁极了，强忍着怒火说："因为一点地方争来争去有必要吗？每次都这样，你们俩就不能相互谦让一下吗？都别吵了！"两个孩子哇的一声就哭了。

一瞬间，对孩子们争抢的生气、无法控制孩子们哭闹的无力感、无法协调好孩子们矛盾的无能感、对孩子爸爸加班不回又要我独自面对一地鸡毛的埋怨、被孩子家庭捆住无法做自己的委屈、工作上被琐碎事情缠身的无价值感和习惯宅家没有朋友倾诉的孤独感……积攒了多年的情绪，好像全部都争先恐后地想要借着这个档口跑出来，释放自己。

我把车停在路边号啕大哭，手敲方向盘震得生疼，也觉得发泄不完心中的怒火怨气。孩子们不哭了，也许是被吓到了。我也管不了这么多，很懊恼又控制不了，只能任由身体内的能量跑出来。

后来，在叶惠老师的指引下，我深入学习了情绪管理，知道了情绪原来不是我以为的那些外在情况导致的，而是内在"冰山"中的观点、期待、渴望没有被满足。通过不断的觉察、疗愈，我渐渐学会了和情绪做朋友，看着它来来去去，经过我的身体，提醒我一些还没觉察到的内在信息。我也渐渐学会了帮助孩子们和情绪相处，不压抑情绪，让它自由地流动。

我越来越能平静面对生活中的各种问题，两个孩子相处越来越和谐，老公也不会因为家里怨气太重而不想回家。一切，都向理想中的生活越来越近。

李欣频说："定住情绪只是一种短暂的压抑与逃避，并没有真正解决问题，只有让自己彻底地去经历情绪，才能从情绪的最深处，升起净化、疗愈与平静。"

这么多年过去了，我仍然觉得那天晚上是我发泄情绪最痛快的一次，也很感谢自己，从那天开始愿意去正视情绪，而不是一味地控制忍耐。

————————（父亲）储呈军　　儿子 11 岁————————

我是一个父亲，以前别人总是这样评价我：随和、脾气好、性格好。而我似乎也比较乐于接受这些评价，所以总是尽量在别人面前按这样的标准来展现自己，即使我真的很不高兴、很不开心。其实真实情况是，当我回到家中总是感觉到莫名的烦，一些小事就能触发的我情绪，不是爆发出来就是一个人生闷气，过后又会感到懊悔和无力。同样的剧情总是在重复上演着，而我却不知如何去改变。

在偶然却又是很必然的情形下，我接触到情绪练习，叶惠老师告诉我，情绪是我们身体的一部分，面对这个观点，我一开始是疑惑的，之前我对情绪的体验，都是不好的感受。我很抗拒的情绪竟然是我们身体的一部分。后来通过学习我才认识到，情绪就像外面的天气一样，有阴有晴，而我们的体验却各不相同。面对下雨，你可以体验到"无边丝雨细如愁"，也可以"小坐窗前闲听雨"。面对情绪也是一样，不同的心境让我们对情绪有了不一样的体验。

刚开始时，我对于不好的情绪，一开始总是习惯去控制它、消除它，想让自己尽快开心起来，效果却是短暂的，当情绪再次来临时，它变得比之前更厉害，而我总是疲于应付着。从开始练习走冰山，到慢慢逐渐深入探索自己每一次的情绪压力，我认识到情绪背后有我们自己更深层次的原因和需求，而我们对于情绪的抗拒就是对自己的不满，不承认自己的现状，也不接受自己的状态。

认识到这些，我才慢慢可以接受情绪是可以存在的，而我们自己也是可以有情绪的。我需要做的就是去看看情绪在告诉我什么。

随着学习的继续，对情绪探索的不断深入，让我有了更多的耐心和情绪去相处，情绪就是我们每次了解自己的一个机会，耐心一点，总会有一些发现和收获。之前心中时常会感觉的烦闷、愤怒，看什么都不顺眼，还一直压抑着自己，通过冰山探索，我发现自己一直在努力做事，却一直被忽视，没有得到重视和认可，觉得不公平，自己不自由却无力摆脱。通过情绪这一信号，我开始认真思考自己该如何去做，是否还有更多的选择？是否可以自由地表达？是否可以有所不同？

我耐心地和情绪相处了一段时间，情绪似乎也不那么令人讨厌了，有时甚至还有点期盼，这次它又会告诉我什么？带着觉察和感受，借助情绪的力量，表达我的感受、观点、期待和渴望，没有指责和抱怨，同时也对他人的情绪有了更多的理解和接纳，自己趋于稳定了，家人也被影响到了，全家人的相处也变得平和、稳定了。

情绪更多的时候像一个内在的能量指针，在不断提醒我自己的状态是否稳定，同时它又像一个不甘失败的"对手"，总是在你低落的时候企图再次控制你，也会经常得手，但当我觉察到时，它就会及时收手，有时甚至能预见到情绪的企图，防患于未然。情绪并不是真正想伤害我们，它只是我们不可或缺的一部分，相"杀"是为了更好的相爱。

现在还是有人夸我：随和、脾气好、性格好。我也知道我和之前有所不同了。但我相信他们看到了我的改变。

─────────（母亲）谢洁　　**女儿 6 周岁**─────────

一天早上，女儿不愿意起床。迷迷糊糊地说了，"我困""我要睡觉""让我再睡一会"后钻进被窝继续睡觉。

大约十分钟后我走进房间，声音高了几度叫她起床。无奈下她被我拉着坐起身，我就给她穿衣服。但是从坐起身开始，她嘴里一直发着哼唧的声音，这种声音总能令我心生烦躁。

我耐着性子问她："你怎么了，你有什么想法可以直接告诉妈妈吗？妈妈不是很喜欢你这样的表达方式，你只有说出来，妈妈才能知道你的需要。"

女儿从小就怕我，看到我的态度不敢大声说。她用藏在喉咙的声音小声说了句，但我没听清。

我说："你可以选择不说，然后继续哼唧。"

"我不想上学！"女儿说。

我停了一两秒问她："是什么原因让你不想上学呢？"

"因为我们班 ××× 同学说我简直胖死了！"

"噢，那你一定很生气吧！"我说出了她的感受。

"嗯，生气、难过、委屈、愤怒。"她说道："我特别难过，所以我不想去上学。"

我说："妈妈知道了，你有些难过，那她说你很胖，你是怎么看自己的呢？你也觉得自己很胖，不好看吗？"

女儿说："嗯，是的，我也觉得我胖，肚子太大，有些难看。"

我说："噢，是吗，原来我的宝宝一直觉得自己不好看啊！很遗憾，妈妈觉得你很美。"

"你的确是有点肉肉的，但是这并不是不好看，也不是一个问题，每个孩子都是独一无二的天使，每个孩子都是最特别的，是不一样的，你是这样的，她是那样的。你不需要因为别人说你是那样的而难过。在妈妈眼里，无论你胖不胖，妈妈都是爱你的！"

孩子点了点头，自己跑去刷牙吃早饭，然后高兴地去上学了。

——————————丁丁（大四学生）　23 岁——————

我记得我刚进公司实习时就被领导骂了。

具体情况是这样的：领导给各个部门经理开会，需要一份紧急的资料，领导找秘书没有找到，见到我就把 U 盘交给我，让我赶紧打印出来。领导连我的名字都叫不出，显然是不太熟悉。我打印出来给领导送去，但是会议开始了，我就敲了门，打断了会议。领导说："为什么要敲门呢？悄悄进来放下就好了，打断了别人说话不合适。"我很委屈，本来不是自己的事情，自己算是帮忙的，没表扬就算了，还被批评了，真的郁闷极了。

那几天我见到领导哆哆嗦嗦，生怕一不小心又犯错实习就泡汤，其实领导根本没有当回事。公司聚会，领导叫不出我的名字，部门主管提醒领导是前几天敲门被训的实习生，领导哈哈大笑说："原来是你啊，我都没有看清人脸，我说的就是那件事情做的不合适，根本不是针对你。是谁这么进来我都要说的。"

我当时立即松口气，同时觉得自己这几天的内心大戏是白演了。领导根本不是针对我这个人，只是说事情。

我想起从小只要父母脸色不好，或者老师脸色不好都跟自己有关。于是就努力做个乖小孩。其实，爸妈脸色不好未必跟我有关，而且可以肯定的是，大多数事情跟我没有关系。

小时候，父母是孩子的权威，上学后这种权威投射到老师身上，实习后投射到领导身上。无论是老师的脸色还是领导的脸色，其实都源于父母的脸色。

我现在 23 岁，我妈妈在我 19 岁的时候拜访了叶老师，我觉得对我全家帮助都很大。

——————周宇　23 岁大男孩——————

关于情绪，第一反应就是满脑袋的问号。

一开始认识叶老师，她总会问，"你有啥感觉？"我愣住了，答不上来。后来我学习了如宝藏一般的"冰山理论"。回归到了生活中，我和身边的每个朋友讲起来都很得劲儿，指导他们运用"冰山理论"探索自我，辅导他们表达情绪、表达感觉。

但我的生活并没有什么变化，我很疑惑，又不好意思问。

后来持续的进阶学习，并常常和老师同学交流，他们很愿意帮助我一起探索自己。

我第一次觉察到大量情绪的时候是在我开车时，那天很明显，超别人车我会有羞愧感。被别人超，我会有沮丧感。自己强行插队，我会有内疚感。不让别人插队，我也会有内疚感。

渐渐的，我发现生活情绪越来越多。我对情绪的态度也被发掘出来。

当我允许自己生气，我会生气，一会就好了。

当我不允许自己生气，我会更加愤怒，会持续好久。

如今我越发觉得，情绪是我的宝藏，通过情绪，我可以看到背后更多的原因。生活中我与父母的关系也越来越好，学会了去接受情绪，表达感觉。表达情绪并不丢人，这是尊重自己的表现。

祝每个读者都心存美好，喜悦一生。

——————（母亲）晓燕　女儿 5 岁——————

一年前我是带着对孩子歉疚和对老公的嫌弃认识叶老师的。

对孩子的歉疚是因为我将大部分的时间都放在了工作上，顾不上她。

那时的老公也嫌弃我在工作上太拼命，多次恶语相向。老公的不支持让我更加拼命工作，又更加觉得愧对孩子，如此恶性循环，身心俱损。

直到有一次公司线下招生，我没达成自己的目标，这彻底击垮了我，让我全然失去了对生活的信心，也终于以自己身体为由提出了辞职。

经过半年时间，老师和同学的陪伴，我最大的变化是很少再出现轻生的念头了。尤其是老公加入学习之后，我们两个人一起成长，我逐渐恢复生气，居然能发现他的美好了，也能体会他对我的爱了。我们居然再次亲密起来，我有个很强烈的感受是我们两人"硬生生"将一段濒临破裂的关系挽救了回来。我现在经常调侃我们两个是强扭的瓜，却是甜的。

是什么原因发生这样的变化？我很好奇，也许我是越来越关注到自己了。

当我们夫妻关系变好的时候，孩子好像也发生了肉眼可见的变化。

我发现她比以前能够接受"意外"了，比如东西找不到了，她着急1~2秒，然后会说没关系明天再找。

比如画画，画破了纸，她会表达：哎呀，破了，我画轻一点，甚至还会自嘲："我晕头了"。如果是以前碰到这些小意外，她会蹦跳大哭还会自责：我连画画都画不好。

她还变得越来越开朗，走在路上会主动跟同学打招呼，还能在家中常常听到她欢快地唱歌，连我都被她感染了。

有时看到其他小朋友吵架，她会说你们这样吵架是不能解决问题的，情绪是要好好表达出来的，甚至当我隔着手机屏幕跟爸爸唠叨生气的时候，她说："妈妈，你现在需要平静一下。"

她面对爸爸的责问或者要求时，比我还要淡定。我有时还会烦躁，但是她会表达：爸爸你误会我了，你要相信我。表达出来之后她继续玩她的，丝毫没有影响她的兴致。

─────────**（母亲）小念　双胞胎女儿 2 岁**─────────

2020 年 12 月 10 日晚上十一点，在我们第 20 期的亲子关系营小群里，叶惠老师突然弹出一条消息，让我们写一写心得。作为一个从不放弃任何挑战自我的机会的人，自告奋勇地接龙，心里却着实没什么底气。一直到我即将启程去三亚前的这一晚，才终于拿起了笔。情绪，这个词语对我而言太陌生了。在我人生的前 34 年里，几乎从未被提起。在我走进亲子关系营的课堂以前，我只能识别愤怒、悲伤、快乐等几种最常见的情绪。当我委屈的时候，我不知道那是委屈；当我恐惧的时候，我不知道那是恐惧；当我压抑的时候，我也不知道那是压抑……学习以后，我了解了自己的生存模式——超理智和讨好。讨好模式经常发生在我与父亲的关系之间。

我父亲是一个指责能量很大的人，他对自己的要求很高，对自己也有很多的不允许，对别人也是。于是，作为他的女儿，我是他发挥指责能量最大的出口。他对未来有很多的恐惧和担忧，怕赚不到钱，怕事业失败，怕被别人看不起……受到欺负。我猜测，对于生存的不安全感，深深根植在我父亲的血液里，导致他对这个世界深深苛责。然而我的体验是很不好的，从来只听到指责的声音，很少感受到善意和温情。我一度觉得，自己是不值得被爱的，所以我曾经有过一些很糟糕的亲密关系。我总是与一些不符合我心意但是容易被掌控的男孩在一起，以此来向世界索取一种我被看到的感觉，但是又很快厌倦。我也曾经很叛逆，向着世人眼中"坏女孩"的标准前进，然而依然很空虚，所以又时不时地会把自己拎回来。我还会不顾一切想要去证明，我很好，很厉害，很优秀，并没有那么糟糕。然而，深夜的被窝里，流下的眼泪在第二天蒸发殆尽，仿佛不曾存在过。

——————（母亲）晓颖　儿子 8 岁——————

我有两个职业，一个是设计工作者，另一个是母亲，有一个刚刚入学一年级的儿子。是的，父母一样是职业，不一样的是，父母的职业一旦任职就是终生的，这是参加叶老师线下课，学习到的"什么是父母"，对"父母"有了重新定义。

是什么触动我踏入心理成长之路的？是我的儿子，他刚刚踏入小学生的队伍。是的，是队伍，我们每一个人都是战士，孩子也是小战士，都有面对不同的挑战，并且要做出应战策略。

今年的特殊，对各方面都在发生巨大影响，有能衡量可看到的外在影响；更有无法衡量的，内在的影响。外在影响可以用金钱可以解决问题，那么内在呢？

我自己在家办公期间，对待孩子没有了耐心，情绪阴晴不定，充满了焦虑，孩子处在幼升小阶段，没有办法去上课，就报了好多线上课。我承认我动手打孩子，而且打得很重，过后立马开始悔恨与自责。之前自己自认为是个积极向上的、不断学习看书的妈妈，陪伴孩子也很有耐心的。

当看到孩子被打之后那可怜兮兮的眼神，让我触目惊心，好像看到了我自己小时候，就是经常处在紧张和害怕中。我意识到自己有问题了，就去咨询我一个朋友，她是亲子老师。她跟我说了一句话，"想去了解亲子关系就要去学习，就像学游泳一样，在岸边看别人游是学不会的。要下水去游才可以。"她推荐我去学习叶惠老师的线上课。

在近一年的成长路上，我与周围关系都发生了转变，首先是我与儿子奔奔（小名）的关系，奔奔上一年级，出现很多状况。奔奔拼音不好、汉字默写不过关、不想上学……

期中考试后，语文老师和数学老师前后脚打电话给我，大意都是"你家孩子需要好好学习打好基础……"

与老师打完电话，我继续做饭。等吃完晚饭了，陪奔奔写作业，跟他说："儿子，妈妈感受到你有些不开心，能告诉妈妈怎么了吗？"奔奔低着头不说话，我抚摸他的头说："你不想说可以不说，等你想说了再跟妈妈讲。"奔奔这时小声说："妈妈我考试没有考好，你是不是很失望。"我抱着他："妈妈爱你，妈妈不会因为考试不好就对你失望。我感受到你难过，所以想听听你的看法。"奔奔紧紧抱着我说："妈妈我早上早点起来多读读书、多背背书。""嗯嗯，这是个很好的主意，需要妈妈帮忙吗？""妈妈可以早点叫我起床。"

与孩子同频，但是我们家长也要尊重自己。爱孩子要有界限，没有界限的爱，是索取的爱。我在一篇文章里看到一句话很形象"一口枯井，害怕会淹没一座城。"很多家长不愿去多鼓励和肯定孩子，是因为害怕，害怕自己溺爱孩子，更多是自己内心没有爱，不懂得爱自己。

最后我总结了一下：当烦恼来了，有好奇心；去觉察它，不回避，静静的与它待会，体验自己此刻感受；

承认自己有烦恼，在成长道路上是如何形成的这个烦恼；接纳它，与它拥抱，告诉它，它是在保护自己，感谢它的保护；最后形成改变，不是全盘否定，不适合的可以不用，选择适合自己的改变。

我做好了准备，向内成长的路很长、很艰险，我准备好了扬帆起航，勇敢前行。

——————（母亲）卓卓 儿子12岁——————

在学习中，当我开始明白自己的情绪，也就开始读懂孩子的情绪。其实，孩子往往不能分辨自己的情绪。所以，引导孩子分辨情绪，让他们看清情绪的来龙去脉，也是家长做的部分。

我分享一个小片段。某日，我在家做了儿子最爱吃的红烧带鱼等他放学。然而，饭桌上儿子并没有像我期待的那样狼吞虎咽，脸上写满了疲惫与失落。我觉察到自己对儿子的食欲失望，以及对他低迷状态的担心和心疼。我不慌不忙的先安抚自己的情绪，待我调整好内在之后，便与孩子开始了这样的对话。

我：看来今天的带鱼长得不够美。

儿子：嗯……（苦笑一下）我有点没食欲。

我：看起来好像有些不舒服吗？

儿子：我觉得有点累。

我：今天体育课累着了？再或许是一些情绪导致的心累？愿意用我们往常的办法"觉察自己的情绪"试一试吗？

儿子：其实是今晚作业有点多，所以烦躁。

我：你现在的情绪是烦躁。哪科作业多？

儿子：数学。

我：具体是什么作业多呢？（儿子数学很擅长，所以这里需还要继续好奇。）

儿子：有一张很难的数学卷。

我：所以呢？

儿子：我看了一眼卷子，很多题不会。

我：那么，好像并不是因为作业多？而是那张卷子影响了鱼的味道？

儿子：嘿嘿，确实有点压力。

我：所以，除了焦虑还有什么感受吗？

儿子：担心，害怕，失落，就这些吧。

我：原来你的内心大戏比这一桌子的菜都丰盛呢。所以也不是"累"，是胃里被情绪填满了。那你现在感觉怎样？

儿子：现在知道是那张卷子的原因，心情好多了。

我：那你打算怎么办呢？现在依然不会做呀。

儿子：找到了原因，反而不那么担心焦虑了，先好好享受当下的带鱼。

我：真的不担心卷子了？

儿子：我想起，以前有过新接触某个知识点不熟练、不会做题目的情况。我的经验是，只要不灰心，保持学习的兴趣，多做些练习，短期内都会解决的。我是数学"学神"！

我：压在"学神"心头的乌云散了吗？（我看到他从情绪里理出头绪来，找回了原有的自信）

儿子：我现在需要做两个深呼吸。嗯，轻松多了，我要开始享用带鱼了！

这就是我面对孩子情绪的小故事。所以，孩子通常不会意识到自己的情绪正在被某些小事影响，不经意间就会把情绪背在身上，影响身心健康。

————（母亲）王萍　小女儿3岁、大女儿4岁————

我是个一直在路上的创业者，跨界金融、消费、文化、健康等四个行业，也是2个女孩的妈妈。在叶惠老师即将出新书之际，我翻到了怀大女儿37天时开始写的日记，如今大女儿已经4周岁，小女儿也即将3周岁，感恩上帝赐予这样奇妙的生命来到我的身边，让我一路感受着幸福和成长。

满月后我继续频繁出差。女儿也开始会说话会走路了，对我开始依恋，一方面我因事业取得的成绩无比自豪，觉得可以做女儿的榜样，一方面我开始有了和女儿们分离的焦虑，也明白了孩子 0~6 岁之间母亲陪伴的重要性。我觉得遗憾，错过了她们 0~2 岁之间的很多成长细节，这样的状况持续了 3 个月左右，我决定调整自己的工作方式，尽可能多些时间陪伴孩子，在调整工作方式后我认识了叶惠老师，学习如何高质量陪伴孩子，学习如何做智慧的父母。

我是个不吝于表达爱的妈妈，特别喜欢拥抱孩子、挠痒痒和亲吻孩子，一天会说无数遍"芊芊，妈妈爱你。陌凝，妈妈爱你。"会说你们是世界上最可爱的孩子，慢慢我懂得了陪伴孩子不在于时间，而在于专注。

两个女儿成长至今，有太多的点点滴滴说不尽道不完，作为妈妈，我希望她们能健康、快乐、幸福。我认为孩子的性格和情商决定了她们人生的宽度和广度。孩子需要一个情绪稳定的妈妈，需要自由地看、自由地听、自由地表达、自由地感受、自由地冒险、自由地提问……我努力陪伴两个女儿一起成长，愿天下的妈妈们都能够成为一个情绪稳定、自由、充满爱的自己。

附录 3　萨提亚情绪词汇

萨提亚情绪词汇

词汇	释义
愤怒	生气（激动到极点）
恼火	生气
气愤	生气；愤恨
悲哀	伤心
悲伤	伤心难过
沉痛	深深的悲痛
伤感	因感触而悲伤
伤心	由于遭受到不幸或不如意的事而心里痛苦
痛苦	身体或精神感到非常难受
惨然	形容心里悲惨
痛心	极端伤心
心酸	心里悲痛
胆怯	胆小，畏缩
胆战心惊	形容非常害怕
发怵	胆怯，畏缩
害怕	遇到困难、危险等而心中不安或发慌
惊吓	因意外的刺激而害怕
恐怖	由于生命受到威胁而引起的恐惧
恐惧	惧怕
受惊	受到突然的刺激或威胁而害怕
心有余悸	危险的事情虽然过去了，回想起来还是感到害怕
入迷	对人或事物产生难以舍弃的爱好
着迷	对人或事物产生难以舍弃的爱好

续上表

词汇	释义
入神	对眼前的事物发生浓厚的兴趣而注意力高度集中
心醉	因极喜爱而陶醉
仇恨	因利益矛盾产生的强烈憎恨
敌视	当作敌人看待、仇视
敌意	仇视的心理
妒忌	对才能、地位、境遇比自己好的人心怀怨恨
嫉妒	对才能、地位、境遇比自己好的人心怀怨恨
反感	反对或不满的情绪
可恨	令人痛恨、使人憎恨
可恶	令人厌恶恼恨
厌恶	对人或事物产生很大的反感
憎恨	厌恶痛恨
别扭	不顺心
不快	心情不愉快
不爽	心情不爽快
烦闷	心情不畅快
难受	心里不痛快
窝火	有委屈或烦恼而不能发泄
窝囊	因受委屈而烦闷
心烦	心理烦躁或烦闷
高兴	愉快而兴奋
好受	感到心身愉快；舒服
开心	心情快乐、舒畅
快活	快乐
快乐	感到幸福或满意
庆幸	为事情意外地得到好的结局而感到高兴

续上表

词汇	释义
舒畅	开朗愉快；舒服痛快
舒服	精神上感到轻松愉快
舒坦	精神上感到轻松愉快
爽快	舒适痛快
甜美	愉快、舒服
甜蜜	形容感到幸福、愉快、舒适
甜丝丝	形容感到幸福、愉快
喜出望外	遇到出乎意外的喜事而特别高兴
畅快	舒畅、快乐
喜悦	愉快、高兴
喜滋滋	形容内心很欢喜
心花怒放	形容高兴极了
心旷神怡	心情舒畅，精神愉快
幸灾乐祸	别人遭到灾祸时自己心里高兴
愉快	快意、舒畅
愤慨	气愤不平
厌烦	嫌麻烦而讨厌
担心	放心不下
担忧	发愁、忧虑
发愁	因为没有主意或办法而感到愁闷
犯愁	发愁
忧虑	忧愁担心
忧郁	愁闷
压抑	对情感、力量等加以限制，使不能充分流露或发挥
郁闷	烦闷、不舒畅

续上表

词汇	释义
无能感	觉得自己没有能力，不能干什么
得意	称心如意，多指骄傲自满
高傲	自以为了不起，看不起人
狂妄	极度的自高自大
体面	光荣、光彩
优越感	自以为比别人优越的意识
自大	自以为了不起
自负	自以为了不起
自豪	因为自己或与自己有关的集体或个人具有优良品质或取得伟大成就而感到光荣
抱屈	因受到委屈心中不舒畅
怕羞	怕难为情；害臊
羞耻	不光彩，不体面
羞辱	耻辱
悔悟	认识到自己的过错，悔恨而醒悟
忏悔	认识了过去的错误或罪过而感觉痛心
后悔	事后悔恨
过意不去	心中不安，抱歉
内疚	内心感觉惭愧不安
吃惊	受惊
好奇	对自己所不了解的事物觉得新奇而感兴趣
惊讶	惊奇诧异
震惊	大吃一惊
警惕	对可能发生的危险情况或错误倾向保持敏锐的感觉
怀疑	疑惑，不是很相信
可疑	值得怀疑

续上表

词汇	释义
困惑	感觉疑难，不知道该怎么办
迷茫	迷离恍惚
为难	感到难以应付
无所适从	不知道依从谁好；不知按哪个办法做才好
敬仰	尊敬仰慕
羞涩	难为情，态度不自然
悔恨	懊悔
失悔	后悔
痛悔	深切地后悔
追悔	追溯以往，感到悔恨
自怨自艾	悔恨
歉疚	觉得对不住别人，对自己的过失感到不安
诧异	觉得十分奇怪
愕然	形容吃惊
惊诧	惊讶诧异
浮躁	轻浮、急躁
急切	迫切
急躁	碰到不顺心的事马上激动不安
焦急	着急
焦虑	着急忧虑
心急	心里急躁
心急火燎	心里急得像火烧一样，形容非常着急
心急如焚	心里急得像火烧一样，形容非常着急
心切	心情急迫
发慌	因害怕、着急或虚弱而心神不安

续上表

词汇	释义
恐慌	由于担心害怕而慌张
心慌意乱	形容心神惊慌忙乱
不好意思	害羞
惭愧	因为自己有缺点或做错了事、未能尽到责任而感到不舒畅
丢脸	丢失体面
丢人	丢失体面
丢丑	丢失体面
害羞	因胆怯、怕生或做错了事怕人耻笑心中不安，难为情
亏心	感觉到自己的言行违背正理
愧疚	惭愧不安
腼腆	害羞，不自然
难堪	难以忍受，难为情
难看	不光荣，不体面
敬重	恭敬尊重
佩服	感到可敬可爱、钦佩
仰慕	敬仰思慕
尊敬	重视而且恭敬地对待
尊重	尊敬或重视 (个人、集体或有关的抽象事物)
赞赏	赞美赏识
赞美	称赞
赞叹	称赞
感动	思想感情受外界事物的影响而激动，引起同情
可怜	值得怜悯
可惜	值得惋惜
惋惜	对人的不幸遭遇或事物的意外变化表示同情、可惜
心疼	疼爱、舍不得、惋惜

续上表

词汇	释义
怀念	思念
牵挂	挂念
想念	对景仰的人、离别的人或环境不能忘怀，希望见到
藐视	轻视、小看
蔑视	轻视、小看
轻视	不重视，不认真对待
如意	符合心意
如愿	符合愿望
惊异	惊奇诧异
崇敬	推崇尊敬
景仰	佩服尊敬；仰慕
敬慕	尊敬仰慕
钦敬	敬重佩服
心悦诚服	诚心诚意地服从或佩服
悦服	从心里佩服
尊崇	尊敬推崇
赞佩	称赞佩服
迷惑	辩不清是非，摸不着头脑
迷惘	由于分辨不清而感到不知怎么办
彷徨	犹疑不决，不知往哪个方向去
疑忌	因怀疑别人而生猜忌
哀怜	对别人的不幸遭遇表示同情
怜悯	对遭遇不幸的人表示同情
怜惜	同情爱护
痛惜	深痛的惋惜
挂念	因思念而放心不下

续上表

词汇	释义
牵肠挂肚	形容非常挂念，很不放心
眷恋	对自己喜爱的人或地方深切地怀念
渴慕	非常思慕
贪恋	十分留恋
鄙视	轻视，看不起
鄙夷	轻视，看不起
侮蔑	轻视、轻蔑
可人	可人意；使人满意
惬意	满意；称心；舒服
遂心	合自己的心愿；满意
遂意	合自己的心愿；满意
遂愿	满足愿望，如愿
宜人	适合人的心意
期求	希望得到
顺心	合乎心意
随心	合乎自己的心愿，称心
随意	任凭自己的意思
幸福	(生活、境遇)称心如意
圆满	没有缺乏、漏洞，使人满意
期待	期望、等待
向往	因热爱、羡慕某种事物或境界而希望得到或达到
悲观	精神颓丧，对事物的发展缺乏信心
沮丧	灰心失望
失落感	与遗失、丢失相关的感觉
无望	没有希望
心寒	失望而又痛心

续上表

词汇	释义
孤单	孤独
孤立	不能得到同情或援助
寂寞	孤单冷清
乐观	精神愉快，对事物的发展充满信心
烦躁	烦闷急躁
惊喜	惊和喜
苦闷	苦恼烦闷
苦恼	痛苦烦恼
望穿秋水	形容盼望恳切
殷切	深厚而急切
失意	不得志
懊丧	因事情不如意而情绪低落，精神不振
抱憾	心中存有遗憾的事
惆怅	伤感失意
落魄	潦倒失意
惘然	失意的样子；心里好像失掉了什么东西的样子
孤寂	孤独寂寞
哀思	悲哀思念的感情
哀怨	因委屈而悲伤怨恨
悲愤	悲痛愤怒
悲郁	悲伤忧郁
怅恨	惆怅、恼恨
怅惘	惆怅迷惘，心里有事，没精打采
愁苦	忧愁苦恼
仇怨	仇恨、怨恨
愤恨	愤慨痛恨

续上表

词汇	释义
感愤	有所感触而愤慨
戒惧	警惕而畏惧
惊疑	惊讶疑惑
敬畏	又敬重又害怕
快慰	痛快而心里感到安慰、欣慰
愧痛	因羞愧而感到痛苦
闷倦	烦闷厌倦，无精打采
恼恨	生气和怨恨
恼人	令人感觉焦急烦恼
虔诚	恭敬而有诚意
清爽	轻松爽快
危惧	担心害怕
受宠若惊	受到过分的宠爱待遇而感到意外的惊喜
欣慰	喜欢而心安
羞怯	羞涩胆怯
忧伤	忧愁悲伤
安宁	(心情) 安定、宁静
安然	没有顾虑，很放心
安详	从容不迫、稳重
安心	心情安定
安慰	心情安适
淡漠	没有热情、冷淡
淡然	形容不经心，不在意
放心	心情安定，没有忧虑和牵挂
冷静	沉着而不感情用事
漠然	不关心不在意的样子

续上表

词汇	释义
漠视	冷淡地对待
宁静	心情安静
轻松	不感到有负担；不紧张
塌实	情绪安定、安稳
踏实	情绪安定、安稳
坦然	形容心里平静，无顾虑
心安理得	事情做得合理，对自己和别人都很坦然
衔恨	心中怀着怨恨或悔恨
欣幸	欢喜而庆幸
羞愤	羞愧和愤怒
疑惧	疑虑而恐惧
疑虑	因怀疑而顾虑
忧烦	忧愁烦恼
忧愤	忧闷愤慨
忧惧	忧虑害怕
忧闷	忧愁烦闷
怨愤	怨恨愤怒
厌弃	厌恶而嫌弃
宽慰	宽解安慰
索然无味	没有意味，没有兴趣的样子
泰然	形容心情安定
闲适	清闲安逸
自在	安闲舒适
激昂	情绪激动昂扬
激奋	激动振奋

续上表

词汇	释义
激越	情绪强烈、高亢
亢奋	极度兴奋
忘情	不能节制自己的感情
颓废	意志消沉，精神萎靡（颓：萎靡）
颓靡	颓丧，不振作
颓丧	情绪低落，精神萎靡
颓唐	精神萎靡
萎靡	精神不振，意志消沉
解恨	消除心中的愤恨
宽心	解除心中的焦急愁闷
如释重负	像放下重担一样，形容心情紧张后的轻松愉快
吐气	发泄出积在胸中的委屈或怨恨而感到痛快
心静	心里平静
心平气和	心里平和，不急躁，不生气
镇定	遇到紧急的情况不慌乱
镇静	情绪稳定或平静
昂扬	情绪高涨
冲动	情感特别强烈，理性控制很薄弱的心理现象
鼓舞	兴奋、振作
激动	感情因受刺激而冲动
紧张	精神处于高度准备状态，兴奋不安
兴奋	振奋；激动
振奋	精神振作奋发
振作	使精神旺盛，情绪高涨、奋发
低沉	情绪低落
消沉	情绪低落

续上表

词汇	释义
心灰意懒	灰心丧气，意志消沉
心灰意冷	灰心丧气，意志消沉
沉甸甸	形容沉重
放松	对事物的注意或控制由紧变松
解气	消除心中的气愤
恼羞成怒	由于羞愧怨恨而发怒
气馁	失去勇气
嫌隙	因彼此不满或猜疑而发生的恶感
嫌憎	嫌弃厌恶
憎恶	憎恨；厌恶
憋闷	由于心里有疑团不能解除或其他原因而感到不舒畅
憋气	窝火
涔涔	形容烦闷
烦扰	因扰乱而心烦
糟心	因情况坏而心烦
愁闷	忧虑烦闷
穷愁	穷困愁苦
殷忧	深深的忧虑
沉郁	低沉郁闷
阴郁	忧郁，不开朗
自惭形秽	泛指自愧不如别人
自馁	失去自信而畏缩
怏然自足	形容自大的样子
自得	自己感到得意或舒适
自满	满足于自己已有的成绩
自恃	过分自信而骄傲自满

续上表

词汇	释义
焦躁	着急而烦躁
情急	因为希望马上避免或获得某种事物而心中着急
心焦	由于希望的事情迟迟不实现而烦闷急躁
烦乱	心情烦乱，思绪混乱
纷扰	混乱
如坐针毡	形容心神不宁
忐忑不安	心神不定
抱愧	心中有愧
愧恨	因羞愧而自恨
无地自容	形容非常羞惭
羞人	感觉难为情或羞耻
丧气	因事情的不顺利而情绪低落
扫兴	正当高兴的时候遇到不愉快的事情而兴致低落
扬眉吐气	形容被压抑的心情得到舒展而快活如意
消气	平息怒气
厌倦	对某种活动失去兴趣而不愿继续
欢畅	高兴、痛快
欢快	欢乐、轻快
欢喜	快乐、高兴
豁朗	心情开朗
可喜	令人高兴，值得欣喜
快意	心情爽快舒适
宽畅	心里舒畅
狂喜	极度高兴
舒心	心情舒展；适意
怡然	形容喜悦

续上表

词汇	释义
愉悦	喜悦
愤激	愤怒而激动
恼怒	生气，发怒
激愤	激动而愤怒
气恼	生气、恼怒
盛怒	大怒
震怒	异常愤怒，大怒
悲苦	悲哀痛苦
悲酸	悲痛辛酸
悲辛	悲痛辛酸
哀伤	悲哀伤心
哀戚	悲伤、悲痛
哀痛	悲伤、悲痛
悲怆	伤心难过
惨苦	凄惨痛苦
苦涩	形容内心痛苦
凄惨	凄凉悲惨（凄：形容悲伤难过）
伤神	伤心
酸楚	辛酸苦楚
痛心疾首	形容痛恨到极点（疾首：头痛）
辛酸	辣和酸，比喻痛苦悲伤
诚惶诚恐	惊恐不安
惶惶	恐惧不安
惶惑	因不了解情况而害怕
惊恐	惊慌恐惧
惧怕	害怕

续上表

词汇	释义
畏惧	害怕
畏怯	胆小害怕
心惊胆战	形容非常害怕
心惊肉跳	形容担心祸患临头，非常不安
倾慕	倾心爱慕
抱恨	心中存有恨事
可憎	可恶
痛恨	深切地憎恨
痛恶	极端厌恶
嫌怨	怨恨；对人不满的情绪
嫌恶	厌恶

读者意见反馈表

亲爱的读者：

感谢您对中国铁道出版社有限公司的支持，您的建议是我们不断改进工作的信息来源，您的需求是我们不断开拓创新的基础。为了更好地服务读者，出版更多的精品图书，希望您能在百忙之中抽出时间填写这份意见反馈表发给我们。随书纸制表格请在填好后剪下寄到：北京市西城区右安门西街8号中国铁道出版有限公司大众出版中心 巨凤 收（邮编：100054）。此外，读者也可以直接通过电子邮件把意见反馈给我们，E-mail地址是：herozyda@foxmail.com。我们将选出意见中肯的热心读者，赠送本社的其他图书作为奖励。同时，我们将充分考虑您的意见和建议，并尽可能地给您满意的答复。谢谢！

- -

所购书名：_____

个人资料：

姓名：_____ 性别：_____ 年龄：_____ 文化程度：_____

职业：_____ 电话：_____ E-mail：_____

通信地址：_____ 邮编：_____

- -

您是如何得知本书的：

□书店宣传 □网络宣传 □展会促销 □出版社图书目录 □老师指定 □杂志、报纸等的介绍 □别人推荐
□其他（请指明）_____

您从何处得到本书的：

□书店 □邮购 □商场、超市等卖场 □图书销售的网站 □培训学校 □其他

影响您购买本书的因素（可多选）：

□内容实用 □价格合理 □装帧设计精美 □带多媒体教学光盘 □优惠促销 □书评广告 □出版社知名度
□作者名气 □工作、生活和学习的需要 □其他

您对本书封面设计的满意程度：

□很满意 □比较满意 □一般 □不满意 □改进建议

您对本书的总体满意程度：

从文字的角度 □很满意 □比较满意 □一般 □不满意
从技术的角度 □很满意 □比较满意 □一般 □不满意

您希望书中图的比例是多少：

□少量的图片辅以大量的文字 □图文比例相当 □大量的图片辅以少量的文字

您希望本书的定价是多少：

本书最令您满意的是：

1.

2.

您在使用本书时遇到哪些困难：

1.

2.

您希望本书在哪些方面进行改进：

1.

2.

您更喜欢阅读哪些类型和层次的计算机书籍（可多选）？

□入门类 □精通类 □综合类 □问答类 □图解类 □查询手册类 □实例教程类

您在学习计算机的过程中有什么困难？

您的其他要求：